C

语言编程初学者指南

C Programming

[美] Keith Davenport　Michael Vine 著

李强 译

人民邮电出版社

北　京

图书在版编目（ＣＩＰ）数据

C语言编程初学者指南 / （美）达文波特
(Keith Davenport)，（美）维恩 (Michael Vine) 著 ；
李强译. -- 北京 ：人民邮电出版社，2017.5
　ISBN 978-7-115-45129-3

　Ⅰ．①C… Ⅱ．①达… ②维… ③李… Ⅲ．①C语言－
程序设计－指南 Ⅳ．①TP312.8-62

　中国版本图书馆CIP数据核字(2017)第058586号

◆　著　　　　[美] Keith Davenport　　Michael Vine
　　译　　　　李　强
　　责任编辑　陈冀康
　　责任印制　焦志炜

◆　人民邮电出版社出版发行　　北京市丰台区成寿寺路 11 号
　　邮编　100164　　电子邮件　315@ptpress.com.cn
　　网址　http://www.ptpress.com.cn
　　北京天宇星印刷厂印刷

◆　开本：800×1000　1/16
　　印张：17
　　字数：321 千字　　　　　　　　　2017 年 5 月第 1 版
　　印数：1—3 000 册　　　　　　　 2017 年 5 月北京第 1 次印刷
　　　　著作权合同登记号　图字：01-2017-1457 号

定价：49.00 元

读者服务热线：**(010)81055410**　印装质量热线：**(010)81055316**
反盗版热线：**(010)81055315**
广告经营许可证：京东工商广字第 **8052** 号

内容提要

　　本书是专门为 C 语言编程的初学者编写的入门读物。全书共 12 章，通过清晰的讲解和详细的示例，介绍了 C 编程基础知识，包括基本数据类型、条件、循环结构、结构化程序设计、数组、指针、字符串、数据结构、动态内存分配、文件输入和输出与 C 预处理器指令等话题。本书中的每一章都包含了本章小结和编程挑战，而且给出了一个完整的程序，从而使得读者应用一章中所学的基本概念构建一个容易编写的应用。

　　本书适合于想要通过 C 开始学习编程的读者、已经具备其他高级语言的编程经验，想要继续学习 C 的爱好者和对 C 编程感兴趣的初学爱好者阅读参考。

前言

C 语言是一种强大的基于过程的编程语言，它于 1972 年由 Dennis Ritchie 在贝尔实验室发明。C 语言最初是开发来用于 UNIX 平台的，但却已经扩展到很多其他的系统和应用中。C 语言还影响了很多其他的编程语言，例如 C++和 Java。

编程初学者，特别是那些进入计算机科学和工程专业学习的人，需要构建有关操作系统、硬件和应用程序开发概念的牢固基础知识。很多的学院教授学生学习如何用 C 编程，从而使他们能够学习高级概念以及在 C 的基础上建立起来的其他语言。

学习 C 语言的很多学生也承认，它不是一种很容易学习的编程语言，但是，从专业人士的角度来看，本书清晰的讲解、完备的示例和图片，使得学习 C 语言变得容易而有趣。本书中的每一章都包含了本章小结和编程挑战，而且还给出了一个完整的程序，从而使得读者可以应用一章中所学的基本概念来构建一个容易编写的应用。

要完整地学习本书，你需要在计算机中安装 gcc（具体介绍参见本书第 1 章）或者 TCC（参见附录 D）这样的一个 C 编译器，并且至少要有一个文本编辑器。在 UNIX 或者类似的环境下，你可能会使用 vi、Vim 或 Emacs。在 Microsoft Windows 下，你可以使用 Notepad 或者任何其他的纯文本编辑器。

本书主要内容

如果要学习如何用计算机编程，那么，你必须在技能上有所提升。如果你根本没有编写过程序，那么，你会发现按顺序阅读完本书的各章是很容易的。但是，编程不是通过阅读就能够学习的技能。你必须通过编写程序来学习。学习本书的内容可以使得学习编程的过程相当轻松而有趣。

每章一开始，都会简单介绍一章所要讲述的基本概念。在一章之中，你会接触到一系列的编程概念，还有一些小的程序来说明本章的每一个主要知识点。在每一章的末尾，我们综合应用这些概念来编写一个完整的程序。所有的程序都比较短，以便你能够自行录入它们（这是近距离接触代码的好办法），当然，也可以通过出版社的网站来获取这些程序。在每一章的最后都有一个小结，列出了所学的关键概念。通过这个小结，你可以再次巩固并记住这些重要的概念。在小结之后，每章给出了编程挑战，可以帮助你学习和应用一章中所学到的概念。

在本书中，有如下一些显著的板块：

技巧

这部分包含了值得特别留意的信息。

陷阱

这些警告是你很容易犯的错误，或者会遇到的问题。

提示

这部分针对相关的主题给出额外的见解或信息。

主题边栏

当你学习本书中的概念的时候，这部分介绍在更高的编程层级或者在现实世界中如何使用这些概念。

本书目标读者

本书是专门为初学者编写的。本书不适合那些想要学习 C++面向对象编程或链表这样的高级 C 语言数据结构的、有经验的 C 语言程序员。

本书适合以下人群阅读：

- 通过 C 语言开始学习编程的大学或高中学生；
- 有其他高级语言（Visual Basic、VBA、HTML 或 JavaScript）的编程经验的程序员，但想要继续学习 C 语言；
- 想要自学 C 语言的编程爱好者；
- 对学习 C++、C#和 Java 感兴趣，但有人建议你先学习 C 语言；
- 一直想要学习如何编程，并且选择 C 语言作为自己的第一门语言。

如果你属于以上的某一类人，那么，你可以通过阅读本书来学习 C 编程。特别是，我将使用非图形化的文本编辑器和 ANSI C 编译器 gcc 来教你学习基本的编程概念，例如变量、条件、循环、数组、结构、文件 I/O 等，这些概念在学习任何编程语言的时候都很有用。当然，你还将学习一些适用于 C 的特定主题，例如指针和动态内存分配，这些功能使得 C 语言很独特也很强大。

配套网站下载

在本书的配套网站上，可以下载本书的示例代码　www.cengageptr.com/downloads　或 www.epubit.com.cn。

致谢

　　为了让一本书从字处理文件中到你的书架上，各种有天赋的人必须在精确性、时间和技能方面扮演好自己的角色。当这些参与者也很专业、好心且投入的时候，对于作者和读者来说，都会有一种很好的体验。我要感谢 Mitzi Koontz、Karen Gill、Michael Vine 与我们分享他们的聪明才智，并且允许我参与这本书的新版的编写工作。很骄傲能够与你们每一个人一起工作。还要感谢本版的校对者 Sam Garvey，感谢你不仅尽职尽责，而且提供了一些不错的勘误。

作者简介

Keith Davenport 是这个行业里的多面手，从事出版、媒体和技术工作长达 20 年时间。在这个产业之外，他还是一位电影编剧和制片人，并且充当人们所需要的各种社会工作者。

Michael Vine 是一位资深的 IT 专业人士，专门从事数据仓储和商务智能工作。除了在公司工作，他还在大学和学院教授计算机科学课程，并且他还是很多软件编程图书的作者。

目　录

第 1 章
C 编程入门

欢迎阅读本书。C 编程语言是培养你的编程职业技能和爱好的一门优秀的基础语言。不管你是计算机专业的学生、自学成才的程序员，或者是一名资深的软件工程师，学习 C 语言都能够给你丰富的概念知识并培养实践技能，从而很好地帮助你理解其他的计算机相关主题（包括操作系统概念、内存管理和其他高级的编程语言）。

在整个本书中，我将引导你学习一系列的示例，这些示例设计来讲解 C 编程的基础知识。我假设读者没有 C 编程的经验，也不了解计算机科学的基本概念。阅读本书不需要任何的经验（包括高级的数学知识），但是我假设你至少了解 Microsoft 或基于 UNIX（或基于 Linux）的操作系统的基础知识，并且知道如何使用一款文本编辑器。

如果你已经有了关于其他编程语言的一些编程知识，例如 Java、Visual Basic、Ruby、PowerBuilder 或 Python，你仍然能够从本书中获益。我期望你阅读了本书之后，会认为这是一本有用的 C 编程参考书。

本章包括以下内容：

- 安装和配置 Cygwin 环境；

- 理解 main()函数；

- 使用注释；

- 理解关键字；

- 使用程序语句；

- 使用指令；

- 创建和运行第一个 C 程序；

- 调试 C 程序。

1.1　安装和配置 Cygwin 环境

要学习 C 编程，所需的所有东西只不过是一台计算机、一款文本编辑器、C 库和一个 C 编译器。在整个本书中，我们使用一款简单的文本编辑器来编写 C 程序。和很多高级的编程语言（如 Visual Basic 或 C#）不同，C 语言并不需要一个高级的图形化用户界面（graphical user interface，GUI）。实际上，一个复杂的、功能丰富的界面，可能会让想要学习编程的初学者分心。他们很容易去关注漂亮界面的那些细枝末节，而不是关注诸如变量和循环这样的基本的编程概念，而这些概念才是编程初学者应该重点关注的问题。

提示

你知道计算机和文本编辑器是什么，但是，不知道 C 库是什么。C 编译器又是什么呢？本章后面会介绍这两个概念，但是，简而言之，库是预先编写好的代码，可以用来执行某些标准函数，例如，从用户那里获取输入。而诸如 gcc 这样的编译器则是一个程序，它们接受你输入到一个文本文件中的代码，将其转换为计算机可以使用的格式并创建可执行的程序。

有几种免费的 C 编译器和文本编辑器可供使用。当然，还有很多商业化的版本。如果你已经有了必需的编程工具，可以跳过这个小节。但是如果你还没有，Cygwin 已经开发了一款用于 Windows 的、简单的、健壮的、类似于 Linux 的环境，其中包含了很多免费的软件包，例如，一款叫做 gcc 的 C 编译器、文本编辑器以及其他常用的工具。可以从 www.cygwin.com 下载 Cygwin 的免费软件包。

Cygwin 的安装过程很简单，但是，如果你遇到问题，可以访问位于 http://cygwin.com/cygwin-ug-net/cygwin-ug-net.html 的、在线的用户指南。一旦安装了 Cygwin，可以通过 UNIX shell 或 Windows 命令提示符来使用众多的基于 UNIX 的工具。

要安装该软件，最少需要 400MB 的可用硬盘空间（根据所选的组件，所需空间可能会略大或略小）。要安装 Cygwin 及其相关的组件，从 http://cygwin.com/install.html 下载安装文件。按照安装界面提示进行，直到打开 Cygwin Setup—Select Packages 窗口。一旦打开了该窗口，可以选择你想要安装的组件。默认选取的组件再加上"gcc-core: C Compiler"安装组件，就足够你运行本书中的所有代码了。然而，注意 gcc-core: C Compiler 组件默认是没有选中的。要选中这个组件，向下滚动，直到找到 gcc-core: C Compiler component。点击 Skip 按钮来选择安装组件。

技巧

如果你想要使用 Cygwin 中的文本编辑器，找到 Editors 部分并且选择 Nano（本书附录 C 会介绍 Nano）或者 Vim（本书附录 B 会介绍 Nano），或者两个编辑器都选中。也可以在 Cygwin 的外部，使用诸如 Notepad 这样的文本编辑器来编写代码。

注意，安装程序可能会提示你安装其他的软件包以解决依赖性。如果是这样的话，允许安装程序包含所需的那些软件包。

在成功安装了 Cygwin 环境之后，你将能够通过 UNIX shell 访问一个模拟的 UNIX（Linux）操作系统环境。要启动 UNIX shell，直接在桌面或者通过开始菜单的程序组找到 Cygwin 的快捷方式。

在启动了程序之后，Cygwin UNIX 如图 1.1 所示。

图 1.1　启动 Cygwin UNIX shell

注意图 1.1 中用于 UNIX 命令提示符的语法，你的语法将会不同。

```
Keith@Keith-DesktopPC ~
$
```

第 1 行显示了是哪一个用户登录到了 UNIX shell（就是登录到你所使用的计算机的用户，在我的计算机上，用户是 Keith）以及计算机的名称（Keith-DesktopPC 正是我的计算机的独特的名字）。下一行以一个美元符号（$）开头。这是 UNIX 命令提示符，我们在这里输入并执行 UNIX 命令。

根据你的 Cygwin 的具体安装（Cygwin 版本）和配置（所选的组件）的不同，你可能需要将 Cygwin 的 bin 目录添加到系统的 PATH 环境变量中。如果你安装了 32 位的 Cygwin，使用如下命令：

```
c:\cygwin\bin
```

如果你安装了 64 位的 Cygwin，使用如下命令：

```
c:\cygwin64\bin
```

技巧

为了简单起见，我假设你安装了 32 位的 Cygwin。如果你安装了 64 位的 Cygwin，也没问题，在使用本书所引用的文件路径的时候，用 c:\cygwin64 代替 c:\cygwin 就好了。

Cygwin 和其他的程序都使用 PATH 环境变量来找到要运行的可执行文件。如果你使用基于 Microsoft 的操作系统，可以有几种方法来编辑 PATH 变量。一种方法是，通过开始菜单，在运行对话框中，输入关键字 cmd，从而打开一个基于 Microsoft 的命令 shell（DOS 窗口）。在 c:\提示符之后，输入如下命令：

```
set PATH=%PATH%;c:\cygwin\bin
```

这条命令把 c:\cygwin\bin 添加到了 PATH 变量的末尾而不会覆盖它。要验证这条命令是否执行成功，直接在同样的基于 Microsoft 的命令 shell 窗口输入关键字 PATH。注意，在 PATH 的值中，每一个不同的目录结构都是用一个分号隔开的。如果需要，请查阅你的系统的文档来了解关于环境变量的更多信息，特别是了解如何更新 PATH 系统变量。

1.2　认识 main()函数

本小节首先介绍每个 C 程序开始的内容，也就是 main()函数。首先，我想要用打比方的方式说明什么是函数。从编程的角度来讲，函数使你能够将逻辑上的一系列的动作（或程序语句）组织到一个名字之下。例如，假设你想要创建一个名为 bakeCake 的函数。

烘焙蛋糕的算法（过程）如下所示：

　　在用于搅拌的碗中，搅拌湿的成分（水、奶油、蛋汁等）；

　　加入干的成分（面粉等）；

　　将面糊铺满烤盘；

　　在烤箱中，用 350 度的温度烘焙 30 分钟。

注意，给你的函数起一个富有描述性的名称，将有助于任何人读懂你的代码，即便你自己在以后某个日子里忘记了，也可以很容易读懂代码，从而明白这个函数要完成什么任务。

函数通常不是静态的，这意味着，它们是有生命的、会呼吸的实体，还是打个比方吧——它们会接受一些信息并返回一些信息。因此，bakeCake 函数会接受要烘焙的成分的一个列表（称为参数），并且返回一个完成的蛋糕（称为值）。

main()函数和任何其他的函数一样，因为它也将动作组织到一起，并且能够接受参数（信息）并返回值（也是信息）。与其他函数的不同之处在于，main()函数是向操作系统返回值，而你在本书中所使用和创建的函数，向 main()函数中的调用 C 语句返回值。

在本书中，我使用的 main()函数不会从操作系统接受参数，并且只返回一个为 0 的值。

算法

算法（algorithm）是用于解决问题的一个按部就班的过程或者一组规则。算法可以像是烘焙一个蛋糕一样简单，也可以像一架巨大的波音 747 的自动驾驶系统的实现过程那样复杂。

算法通常从一个问题的描述开始（例如，蛋糕听起来不错。但是，我该怎么制作和烘焙蛋糕呢）？作为一名程序员，在编写任何代码之前，要看看这个问题并且将它分解为各个步骤来加以解决。一旦有了一个步骤列表作为指南，就可以开始真正的编码工作了。

技巧

尽管当一个程序执行完毕而没有错误的时候，它会自动地向调用程序返回一个为 0 的值，但很多程序员认为，让 main()函数显式地返回一个为 0 的值来表明程序成功地执行了，这是一种好的做法。本书中的示例遵从这一做法，当你开始编写更为高级的程序，让 main()函数返 0 以外的值以表明各种错误的条件，此时，这种做法变得很有用。

```
int main()
{
    return 0;
}
```

正如前面的例子所示，main()函数以关键字 int 和 main 开头，后面跟着一个空的括号()。这告诉计算机，该函数名为"main"并且它向操作系统返回一个整数值（int）。如果给一个函数传递了一个值，这个值就叫做参数（argument 或 parameter），括号内的内容表明了函数所接受的参数的类型。正如前面所提到的，本书所编写的 main()函数都不使用函数参数，因此，这里的圆括号是空的。

陷阱

C 语言是区分大小写的编程语言。例如，函数名 main()、Main()和 MAIN()是不同的名称。此外，如果不区分大小写的话，将会占用额外的计算机资源，因为像键盘这样的输入设备本身是区分大小写的。

圆括号的后面，跟着一对花括号。第一个花括号表示一个逻辑编程语句块的开始，最后的一个花括号表示逻辑编程语句块的结束。每个函数实现，都要求使用一个开始花括号（{)

和一个结束花括号（）}。

　　如下的程序的代码，展示了一个有些简单但是很完整的 C 程序。通过这里的代码，我们可以了解到单个的程序语句是如何组合到一起，以构成一个完整的 C 程序的。传统的编程图书会把第一个程序命名为"Hello, World"，但是，我打算打破这个惯例——将这个程序命名为"C You Later, World"。

```c
/* C Programming for the Absolute Beginner */
#include <stdio.h>

int main()
{
    printf("\nC you later\n");
    return 0;
}
```

　　当编译并运行前面的程序的时候，它会在计算机屏幕上显示文本"C you later"，如图 1.2 所示。

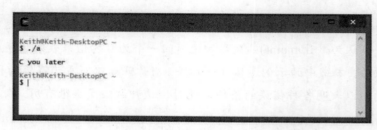

图 1.2　一个简单的 C 程序的输出

　　看一下图 1.3 中的示例程序代码，你将会看到一个小小的 C 程序是由很多个部分组成的。

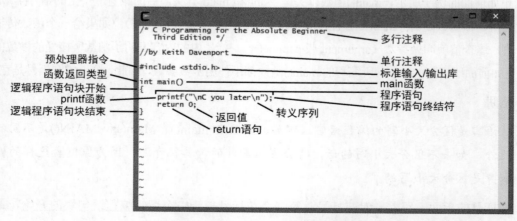

图 1.3　一个简单的 C 程序的组成部分

本章剩下的部分将会介绍这些组成部分，以及使用每个部分来组成一个简单的 C 程序的方法。

1.3 使用注释

在任何编程语言中，注释都是程序代码的一个组成部分。注释帮助表明程序的作用并且说明复杂的例程。无论是对于程序员本人（也就是你），还是查看你的代码的其他程序员来说，注释都很有用。

在下面的代码行中，编译器会忽略掉文本 "C Programming for the Absolute Beginner"，因为这行文本用字符/*和*/括了起来。

```
/* C Programming for the Absolute Beginner */
```

字符/*表示一个注释块的开始，而*/表示一个注释块的结束。这些字符并不一定要在同一行中，它们可以用来创建单行注释，也可以用于多行注释。如下的代码块展示了一个多行注释：

```
/*  C Programming for the Absolute Beginner
    Chapter 1 - Getting Started with C Programming
*/
```

如果你漏掉了某一个注释字符，或者把某个注释字符用反了，C 程序将无法正确地编译，或者根本就不会编译。例如，如下的代码段漏掉了一个注释字符，编译器不会编译它。

```
/* C Programming for the Absolute Beginner
```

下面这行代码也不会被编译，因为注释字符的顺序不对：

```
*/ C Programming for the Absolute Beginner */
```

技巧

如果你记不住注释符号的正确顺序，可以把它们想象为两个拿着球棒面对面打球的人。球棒（/）总是需要把球（*）打向另一个球棒，并且球还没有离开球棒而远去。

如果你的注释并不需要跨越多行，可以选择直接在注释之前使用双斜杠（//），如下所示：

```
//by Keith Davenport
```

陷阱

如果你的 C 编译器支持 C++（ gcc 就支持），可以使用单行注释字符//来表示单行的注释。注意，并不是所有的 C 编译器都支持单行注释字符。

编译器会忽略掉//字符之后的、同一行中的任何字符。也可以使用//字符来创建多行注释，但是这样一来，在语句块中的每一行的前面，都需要使用双斜杠。例如，下面的代码创建了一个多行的注释块。

```
//C Programming for the Absolute Beginner
//Chapter 1 - Getting Started with C Programming
//by Keith Davenport
```

1.4　理解关键字

在标准 ANSI C 编程语言中，有 32 个单词定义为关键字（keyword）。这些关键字是预先定义的，在 C 程序中无论如何都不能使用。编译器（在这里是 gcc）使用这些关键字来辅助编译程序。注意，必须总是把这些关键字写成小写的（参见表 1.1）

表 1.1　C 语言的关键字

关键字	说明
auto	定义具有局部作用域的一个局部变量
break	把控制传递到程序结构之外
case	分支控制
char	基本数据类型
const	定义一个不能修改的值
continue	把控制传递到循环的开始处
default	分支控制
do	do while 循环
double	浮点数据类型
else	条件语句
enum	定义类型为 int 的一组常量
extern	表明一个在其他的地方定义的标识符
float	浮点数据类型
for	for 循环
goto	无条件地转换程序控制

关键字	说明
if	条件语句
int	基本数据类型
long	类型修饰符
register	把声明的变量存储到一个 CPU 寄存器中
return	退出函数
short	类型标识符
signed	类型标识符
sizeof	返回表达式或类型的大小
static	在变量的作用域结束后还保留其值
struct	将变量组织到一个记录中
switch	分支控制
typedef	创建一个新的类型
union	将占用相同存储空间的变量分为一组
unsigned	类型标识符
void	空数据类型
volatile	允许一个变量被后台例程修改
while	当条件为 true 时，重复程序的执行

注意，除了表 1.1 中的列表，C 语言编译器可能会定义更多的关键字。如果编译器这么做了，你可以从编译器所附带的文档中找到这些关键字的列表。

在阅读本书的过程中，我将向你展示如何使用前面所提及的、众多的 C 语言关键字。

1.5 使用程序语句

C 程序中的很多代码行都被看做是程序语句，它们负责控制程序的执行并实现功能。大多数这些程序语句，必须以一个语句终结符结束。在 C 程序中，语句终结符就是一个分号（;）。如下的这行代码包含了一个 printf()函数，它展示了带有一个语句终结符的一条程序语句：

```
printf("\nC you later\n");
```

如下是不需要使用语句终结符的一些常见程序语句：

- 注释；
- 预编译器指令（本章稍后将会介绍，包括#include 和#define 这样的指令）；
- 开始和结束程序语句块标识符；
- 函数定义的开头（例如，main()）。

上述的程序语句不需要一个分号终结符（;），因为它们不是可执行的 C 语句或函数调用。只有在程序执行的过程中会执行工作的那些 C 语句，才需要分号。

通常，printf()函数用于将输出显示到计算机屏幕。正如下面的代码所示，可以使用 printf() 函数把文本"C you later"写到标准输出（如图 1.2 所示）。

```
printf("\nC you later\n");
```

和大多数的函数一样，printf()函数接受一个值作为参数（稍后，第 5 章将会更详细地介绍函数）。必须将想要在标准输出中显示的任何文本，都用引号括起来。

大多数时候，想要在屏幕上显示的字符和文本都要放在引号之中，只有对转义字符和转义序列是例外的。反斜杠字符（\）是转义字符。当执行前面给出的 printf()语句的时候，程序继续向后找到下一个跟在一个反斜杠之后的字符。在这个例子中，下一个跟在反斜杠之后的字符就是 n。反斜杠字符（\）和字符 n 一起构成了一个转义序列。

提示

转义序列是指字符串中的特殊字符，它使得你能够和一台显示设备或打印机通信，并且发送控制字符以进行特定的操作，例如强制换行（\n）或插入水平制表符（\t）等操作。

这个特殊的转义字符(\n)告诉程序添加一个新行。看一下如下的程序语句。这一个 printf() 函数给标准输出添加了多少个新行呢？

```
printf("\nC you later\n");
```

这个 printf()函数为了进行格式化而添加了 2 个新行。在显示文本之前，程序输出了一个新行。在文本显示到标准输出之后，在这里就是计算机的屏幕，又输出了一个新行。

表 1.2 描述了一些常用的转义序列。

表 1.2 常用转义序列

转义序列	用途
\n	创建一个新行
\t	把光标移动到下一个制表符的位置
\r	把光标移动到当前行的开始处
\\	插入一个反斜杠
\"	插入一个双引号
\'	插入一个单引号

1.5.1 转义序列\n

我们可以大量地使用转义序列\n 来格式化输出，如图 1.4 和图 1.5 所示。

图 1.4 使用转义序列\n 和一个 printf()函数来生成多行

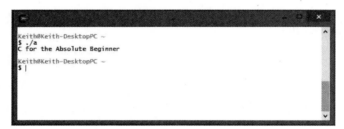

图 1.5 使用转义序列\n 和多个 printf()函数来生成一行

如下的代码段只使用一个 printf()函数，就生成了 3 个不同的行。

```
printf("line1\nline2\nline3\n");
```

下面的代码段展示了如何使用将转义字符\n 和多个 printf()函数一起使用，以创建单独一行的输出：

```
printf("C ");
printf("for the ");
printf("Absolute Beginner\n");
```

1.5.2　转义序列\t

转义序列\t 将光标移动到下一个制表符空格处。这个转义序列对于以多种方法格式化输出很有用。例如，一个常见的格式化需求是，在输出中创建分栏，如下面的程序语句所示：

```
printf("\nSun\tMon\tTue\tWed\tThu\tFri\tSat\n");
printf("\t\t\t\t1\t2\t3\n");
printf("4\t5\t6\t7\t8\t9\t10\n");
printf("11\t12\t13\t14\t15\t16\t17\n");
printf("18\t19\t20\t21\t22\t23\t24\n");
printf("25\t26\t27\t28\t29\t30\t31\n");
```

上面的程序语句所创建的格式化后的列，显示了一个月份的简单日历，如图 1.6 所示。

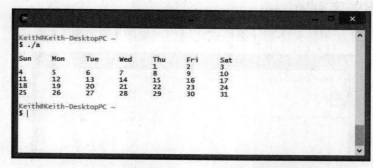

图 1.6　通过使用转义序列\t 来展示制表符和列的用法

1.5.3　转义序列\r

你可能会发现，当光标的位置很重要的时候，转义序列\r 对于一些格式化任务很有用，对于打印输出来说，尤其如此，因为如果没有正确使用\r，打印机就有可能会覆盖已经打印的文本。如下的程序代码展示了转义序列\r 是如何工作的，其输出如图 1.7 所示。

```
printf("This escape sequence moves the cursor ");
printf("to the beginning of this line\r");
```

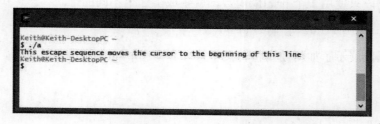

图 1.7　转义序列\r 示例

1.5.4 转义序列\\

转义序列\\在文本中插入一个反斜杠。乍看起来，这似乎是不必要的，但是别忘了，当程序在一个 printf()函数中读到一个反斜杠的时候，它期待在其后看到一个有效的转义字符。换句话说，反斜杠字符（\）在 printf()函数中是一个特殊字符，如果你需要在文本中显示一个反斜杠，必须使用这个转义序列。如下的程序语句展示了转义序列\\的用法，其输出如图 1.8 所示。

```
printf("c:\\cygwin\\bin must be in your system path");
```

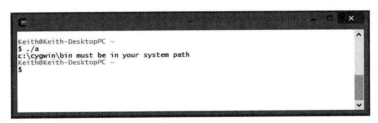

图 1.8 转义序列\\示例

1.5.5 转义序列\"

printf()函数中的另一个保留的字符是双引号字符（"）。要在输出的文本中插入一个引号，使用转义序列\"，如下面的程序语句所示。输出如图 1.9 所示。

```
printf("\"This is quoted text\"");
```

图 1.9 用转义序列\"来创建引号

1.5.6 转义序列\'

和双引号转义序列（\"）类似的是单引号（也叫做撇号）转义序列（\'）。要在输出文本中插入一个单引号，使用下面程序所示的转义序列\'，其输出如图 1.10 所示。

```
printf("\nA single quote looks like \'\n");
```

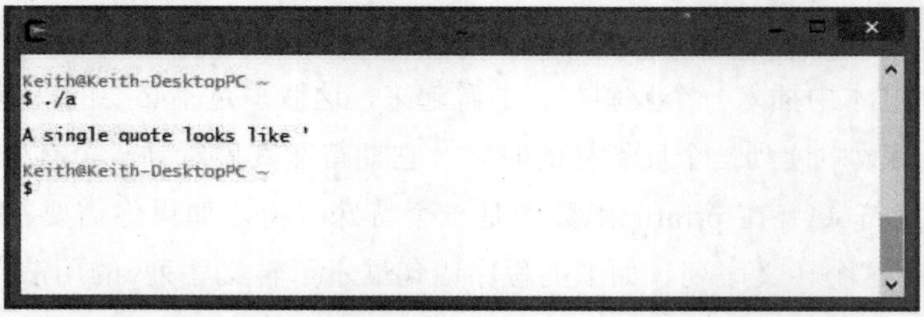

图 1.10　用转义序列\'插入一个单引号

1.6　使用指令

下面再看看本章一开始给出的示例程序。

```
/* C Programming for the Absolute Beginner */
//by Michael Vine and Keith Davenport
#include <stdio.h>

int main()
{
    printf("\nC you later\n");
    return 0;
}
```

注意以井号（#）开始的程序语句：

```
#include <stdio.h>
```

当 C 预处理器遇到这个井号（#）的时候，在编译之前，它将根据指令来执行某种动作。在前面的例子中，我告诉预编译器，为我的程序包含 stdio.h 库。

stdio.h 的名称是 standard input output header file（标准输入输出头文件）的缩写。该文件包含了到各种标准 C 库函数的连接，例如，像 printf()这样的函数。不包含这条预处理器指令的话，在编译和运行程序的时候并没有什么危害。然而，包含了头文件，则让编译器能够更好地帮助你确定发生错误的位置。应该总是添加一条指令以包含你要在 C 程序中使用的任何库头文件。

在后续的各章中，我们将会学习其他常用的库函数，如何使用诸如宏这样的预编译器指令，以及如何构建自己的库文件。

1.7 创建并运行第一个 C 程序

gcc 编译器是一个 ANSI 标准编译器。一个 C 程序要经过很多的步骤，才能变为一个可运行或执行的程序。gcc 编译器为你执行了很多的任务，其中最重要的任务包括以下几个：

- 预处理程序代码，并查找各种指令；
- 在适当的时候，生成错误代码和消息；
- 将程序代码编译成目标代码，并将其临时存储在硬盘上；
- 将任何必需的库链接到目标代码，创建一个可执行文件，并将其存储到硬盘上。

提示

ANSI 是 American National Standards Institute（美国国家标准研究院）的缩写。ANSI 的一般目标是，为使用信息系统的人们提供计算标准。

在创建和保存 C 程序的时候，使用.c 扩展名。这个扩展名是用 C 创建的程序的标准命名惯例。要创建一个新的 C 程序，从 Windows 下运行 Notepad 这样的一个文本编辑器，或者像下面这样使用 nano 或 Vim：

```
nano hello.c
vim hello.c
```

技巧

nano 是另一款常用的基于 UNIX 的文本编辑器，也是 Cygwin 软件包所附带的文本编辑器。从最终用户的角度来看，它使用起来比 Vim 更为直观和容易。但是，它确实不像 Vim 一样拥有那么多功能。尽管 namo 和其他的文本编辑器并不是安装 Cygwin 时候的默认选项，但是在安装的时候，你可以通过 Editors 区域下的 Select Packages 窗口来进行选择。

前面的两条命令，都会打开编辑器并创建一个名为 hello.c 的新文件。一旦使用 nano 或 Vim 这样的编辑器创建并保存了 C 程序，你就已经准备好使用 gcc 编译程序了。

从 Cygwin UNIX shell 中，输入如下内容：

```
gcc hello.c
```

如果程序成功地编译了，gcc 会创建一个名为 a.exe 的、新的可执行文件。

注意

如果没有成功地运行编译后的程序，验证一下%systemdrive%:\ cygwin\bin（其中%systemdrive%是安装 Cygwin 的驱动器）目录结构已经成功地添加到系统的路径变量中了。

a.exe 是这个版本的 gcc 所编译的所有 C 程序的默认的名称。如果你是在 UNIX 操作系统上的一个不同的 gcc 版本下编程，文件名可能是 a.out。

每次使用 gcc 编译一个 C 程序的时候，它都会覆盖以前的 a.exe 文件中包含的数据。可以通过给 gcc 一个选项，来为可执行文件指定一个唯一的名称，从而改正这一点。指定一个具有唯一的名称的可执行文件的语法如下：

```
gcc programName -o executableName
```

关键字 **programName** 是你的 C 程序的名称，-o（字母 o）选项告诉 gcc，你将要指定一个唯一的编译名称，而 executableName 关键字是想要的输出文件的名称。如下是使用实际的文件名的另一个示例：

```
gcc hello.c  -o hello.exe
```

在 UNIX 命令提示符输入如下的命令，可以访问 gcc 的 man 页面（用于 UNIX 命令的在线手册），并找到关于 gcc 的大量信息。

```
man gcc
```

要通过 Cygwin UNIX 命令提示符来执行程序，输入如下内容：

```
./hello
```

和 Windows 不同，当尝试执行一个程序的时候，UNIX shell 不会默认在当前目录下查看。通过在编译后的程序之前带上一个./字符序列，我们告诉 UNIX shell 在当前目录下查找编译后的 C 程序，在这个例子中，当前目录就是 hello 目录。

如果你使用一个 Microsoft Windows 系统，也可以从基于 Microsoft 的命令行 shell（通常称之为 DOS 命令提示符）来执行程序，只要直接输入程序的名称就行了（假设你位于工作目录之中）。

注意，在任何情况下，都不必在编译后的程序名的后面跟上文件扩展名.exe。

1.8　调试 C 程序

如果你的程序编译了，然后退出了或在执行中出现异常，程序中一定存在一个错误（一个 bug）。我们将要花费很多的时间来找到并删除这些 bug。本小节介绍了帮助你开始这一工作的一些技巧。然而，请记住，调试是计算机科学，同样也是一门艺术，当然，你的编程实践越多，调试也就变得越容易！往往一个程序编译和执行得很好，但总是产生你意料之外的或者不想要的结果。例如，如下的程序的编译和执行没有错误，但是输出却是无法读懂的，或者说不是我所期望的，其输出如图 1.11 所示。

```c
#include <stdio.h>

int main()
{
    printf("Chapter 1 - Getting Started with C Programming");
    printf("This is an example of a format bug.");
    printf("The format issue can be corrected by using");
    printf(" the \n and \\ escape sequences");
    return 0;
}
```

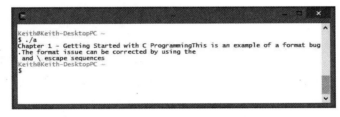

图 1.11　错误的格式化

你能看到格式有什么问题吗？漏掉了什么，应该在哪里进行修改？下一段代码及其输出如图 1.12 所示，它通过放置相应的转义序列而改正了格式。

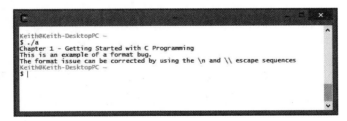

图 1.12　通过在需要的地方添加\n 和\\转义序列，改正了格式

```c
#include <stdio.h>

int main()
{
    printf("Chapter 1 - Getting Started with C Programming\n");
    printf("This is an example of a format bug.\n");
```

```
    printf("The format issue can be corrected by using");
    printf(" the \\n and \\\\ escape sequences");
    return 0;
}
```

格式问题是编程初学者经常遇到的问题。通常，可以通过熟练使用 printf()函数和各种转义序列来快速地解决这些问题。

另一类常见的 bug 是逻辑错误，包括循环在期望退出的时候没有退出、数学计算公式的错误或者可能是一次有瑕疵的相等性测试（条件）。调试逻辑错误的第一个步骤是，找到程序 bug 存在的第一行代码。做到这一点的一种方式是使用打印语句，也就是在整个代码中分散地使用 printf()函数。例如，可以在源代码中做一些如下的事情：

```
anyFunction(int x, int y)
{
    printf("Entering anyFunction()\n"); fflush(stdout);
    ── lots of your code here ──
    printf("Exiting anyFunction()\n"); fflush(stdout);
}
```

fflush()函数确保了 printf 语句的结果会立即发送到屏幕，并且如果你想要使用 printf()进行调试的话，应该使用 fflush()函数。传递给 fflush()函数的 stdout 参数是标准输出，这通常是计算机屏幕。

在将发生逻辑错误的地方的范围缩窄到代码行或函数之后，下一步就是搞清楚你的变量在彼时的值。还是可以使用 printf()函数来打印出变量值，这对于确定非正常的程序行为的源头有很大的帮助。第 2 章将详细介绍使用 printf()函数来显示变量值。

记住，当你修复了任何的 bug 之后，必须重新编译程序，运行它，并且如果必要的话，再次进行调试。

作为程序员新手，你经常会遇到的是编译错误，而不是逻辑错误，而编译错误通常是语法问题所导致的，例如漏掉了标识符和终结符，或者使用了无效的指令、转义序列或注释语句块等语法问题。

调试编译错误可能会令人沮丧，特别是当你在计算机屏幕上看到 50 条或者更多的错误的时候。需要记住的重要的一点是，程序开始处的一个错误，可能在编译的时候导致一系列层叠性的错误。因此，开始调试编译错误的最好的地方，就是错误列表中的第一个错误。在接下来的几个小节中，我们将介绍在刚开始编写 C 程序的时候的一些较为常见的编译错误。

1.8.1 常见错误之 1：漏掉程序语句块标识符

如果忘记了插入一个开始或对应的结束程序语句块的标识符（{和}），你将会看到如图 1.13 所示的错误消息。在下面的示例中，我们故意在 main()函数名的后面，漏掉开始程序语句块标识符（{}）。

```
#include <stdio.h>

int main()
    printf("Welcome to C Programming\n");
return 0;
}
```

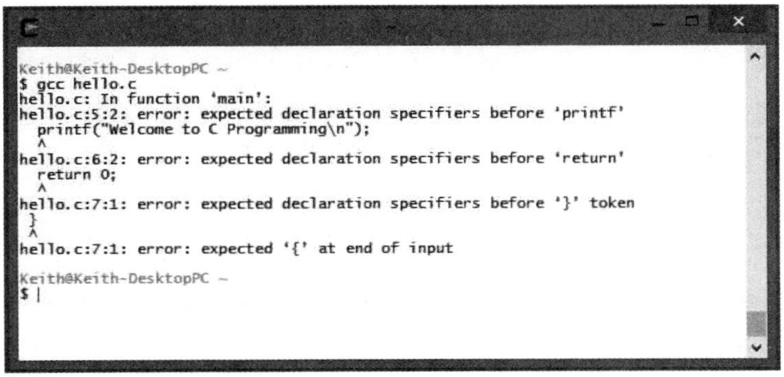

图 1.13 由于漏掉了程序语句块标识符而导致的错误

由于忘记使用开始程序语句块标识符（{}），导致了很多的错误，如图 1.13 所示。当调试编译错误的时候，记住要从第 1 个错误开始，如下所示，它告诉你就在 printf()函数之前有一个错误。你将会发现，解决了第 1 个错误之后，也就更正了很多甚至是所有剩下的错误。

```
hello.c:5:2: error: expected declaration specifiers before 'printf'
  printf("Welcome to C Programming\n");
  ^
```

技巧

为了帮助你找到一个错误的位置，编译器试图向你显示捕获到错误的代码的行号。在前面的示例中，hello.c:5:是告诉你在 hello.c 源代码的第 5 行捕获到了错误。注意，编译器在统计行号的时候，将空行和代码行都算在内。

尽管编译器错误指向了 printf 开始处，但重要的是要知道，可能并不是 printf 而是在它之前的某处出现了错误，在这个例子中，是因为漏掉了语句块标识符。

1.8.2　常见错误之 2：漏掉语句终结符

图 1.13 展示了由几个常见场景所导致的一条常见错误消息。这种类型的错误可能会由于几个原因而导致。除了漏掉程序语句块的缩进，漏掉了语句终结符（分号）也可能会导致解析错误。

图 1.14 展示了如下程序中的一个 bug。你能看出这个 bug 隐藏在哪里吗？

```
#include <stdio.h>

int main()
{
    printf("Welcome to C Programming\n")
    return 0;
}
```

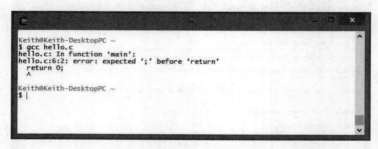

图 1.14　漏掉终结符导致的错误

由于 C 编译器不能够确定一条程序语句（如一条打印语句）到哪里结束，导致了解析错误。在图 1.14 所示的例子中，C 编译器（gcc）告诉你，它期望在第 6 行的 return 语句之前有一个分号（语句终结符）。

1.8.3　常见错误之 3：无效的预处理器指令

如果输入了一条无效的预处理器指令，例如，把库的名称拼写错了，你将会接收到一条如图 1.15 所示的错误消息。

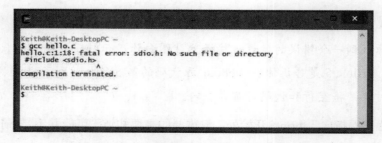

图 1.15　无效的预处理器指令导致错误

在如下的程序语句块中，预处理器指令中的库名称拼写错了，导致了如图 1.15 所示的错误消息。你能看出错误吗？

```c
#include <sdio.h>

int main()
{
    printf("Welcome to C Programming\n");
    return 0;
}
```

由于不存在库文件 sdio.h，导致了这个错误。标准输入输出库的名称应该是 stdio.h。

1.8.4 常见错误之 4：无效的转义序列

在使用转义序列的时候，常常会使用无效的字符或者无效的字符序列。例如，图 1.16 展示了一个无效的转义序列所导致的错误。gcc 编译器更为具体地指出了这个错误，如图 1.16 所示。特别是，它指出错误在第 7 行，并且指明这是一个未知的转义序列。

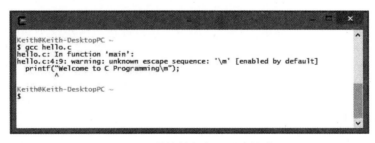

图 1.16　无效的转义序列导致的错误

你能够找出如下的程序中的无效的转义序列吗？

```c
#include <stdio.h>

int main()
{
    printf("Welcome to C Programming\m");
return 0;
}
```

用诸如\n 这样的一个有效的序列，来替代无效的转义序列\m，就可以改正这个问题。

1.8.5 常见错误之 5：无效的注释语句块

正如本章前面的 1.3 节所提到的，无效的注释语句块也会导致编译错误，如图 1.17 所示。

```
#include <stdio.h>

int main()
{
    */ This demonstrates a common error with comment blocks /*
    printf("Welcome to C Programming\n");
    return 0;
}
```

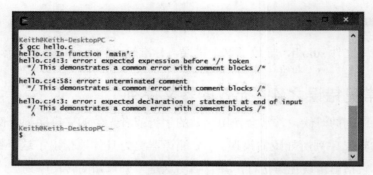

图 1.17　无效的注释语句块导致错误

对于注释语句块进行一个简单的修改，如下所示，就可以解决这个问题，并能够让程序成功地编译。

```
/* This corrects the previous comment block error
```

1.9　本章小结

- 函数使得我们能够将同一逻辑的动作序列或程序语句，组织到一个名称之下。

- 函数可以接收并传回信息。

- 算法是解决一个问题的过程的有限的步骤。

- 每个函数实现都必须使用一个开始花括号（{）和一个结束花括号（}）。

- 注释帮助我们识别程序的用途并说明复杂的例程。

- 符号组合/*表示一个注释语句块的开始，符号组合*/表示一个注释语句块的结束。

- ANSI C 编程语言定义了 32 个单词作为关键字，这些关键字都是预定义使用的，在 C 程序不能用做其他用途。

- 大多数程序语句控制程序的执行和功能，并且需要一个程序语句终结符（;）。

- 不需要终结符的语句包括预编译器指令、注释语句块和函数头。

- printf()函数用于把输出显示到计算机屏幕。

- 诸如 n 这样的特殊字符，和反斜杠（\）组合使用的时候，就构成了一个转义序列。

- 库名称 stdio.h 是 standard input output（标准输入输出）的缩写，并且它包含了到各种标准 C 库函数（例如 printf()）的链接。

- 像 gcc 这样的 C 编译器会预处理程序代码，会生成错误代码和消息（如果需要的话），将程序代码编译为目标代码，并且会链接任何需要的库。

- 编译器错误通常是语法问题导致的结果，包括漏掉了标识符和终结符，或者使用了无效的预处理器指令、转义序列和注释语句块。

- 在程序开始处的一个单个的错误，可能会在编译的时候导致一系列的后续错误。

- 开始调试编译错误的最好的地方，就是第一个错误。

1.10　编程挑战

1. 学习附录 B 中的 Vim 快速指南。

2. 学习附录 C 中的 nano 快速指南。

3. 学习附录 D 中的 Tiny C Compiler（TCC）快速指南。

4. 编写一个程序，打印出你的名字。

5. 编写一个程序，使用转义序列\"打印出引号。

6. 编写一个程序，使用转义序列\\打印出如下的目录结构：c:\cygwin\home\administrator。

7. 编写一个程序，打印出如下的菱形。

```
        *
      *   *
     *     *
   *         *
     *     *
      *   *
        *
```

8. 使用当前的月份，编写出一个日历程序（类似于图 1.6 所示）。

第 2 章
基本数据类型

本章介绍计算机内存概念的基本知识，以及如何从用户那里获取信息并使用 C 语言的数据类型将其保存为数据。你将学习如何使用 printf()函数显示变量内容，以及如何使用基本的算术运算来操作变量中存储的数据。

本章包括以下内容：

- 内存概念简介；

- 理解数据类型；

- 初始化变量和赋值运算符；

- 打印变量内容；

- 使用转换修饰符；

- 理解常量；

- 使用编程惯例和样式；

- 用 C 程序做算术运算；

- 理解运算符优先级；

- 本章程序：Shop Profit。

2.1 内存概念简介

计算机"记忆"（内存，memory）就像人一样，因为计算机也有短时记忆和长时记忆。计算机的长时记忆叫做非易失性（nonvolatile）内存，并且通常和较大的存储设备有关系，例如硬盘、较大的磁盘阵列、光盘存储（CD/DVD），以及便携式存储设备（如 USB 闪存或 U

盘）。在本书第 10 章和第 11 章中，我们将学习如何使用非易失性内存来存储数据。

本章关注的是计算机的短时或者易失性的"记忆"。当计算机断电的时候，易失性的记忆会丢失其数据。计算机的易失性的"记忆"通常也称为 RAM（Random Access Memory，随机访问内存）。

RAM 是由固定大小的单元组成的，每个单元的编号都是通过地址来引用的。程序员通常用变量来引用内存。根据编程语言的不同，变量的类型有很多种，但是，所有的变量都具有相同的特征，参见表 2.1。

表 2.1　常见变量特征

属性	说明
名称	变量的名称用来引用程序代码中的数据
类型	变量的数据类型（数字、字符等）
值	分配到变量的内存位置的数据值
地址	分配给一个变量的地址，它指向了一个内存单元位置

使用表 2.1 中定义的属性，表 2.2 描述了一些常见的数据类型的关系。注意，表 2.2 中的"内存地址"一栏中的字母和数字（例如 BA40），是内存位置的十六进制数字系统表示。二进制的数字用十六进制数字系统表示比用十进制数字系统表示更容易，因此，在高级的 C 程序设计中，我们使用十六进制表示法来引用内存地址。

表 2.2　常用变量属性和示例值

变量名称	值	类型	内存地址
operand1	29	integer	BA40
result	756.21	float	1AD0
initial	M	char	8C70

2.2　理解数据类型

你将会在自己的编程职业生涯中使用很多的数据类型，例如数字、日期、字符串、布尔类型、数组、对象和数据结构等。C 语言中的每一种类型的数据，都对应到一种具体的数据类型，理所当然，这个数据类型就是包含了具体类型和范围的值的一种数据存储格式。尽管本书后面的各章会介绍上面提到的数据类型，但本章主要关注如下的基本数据类型：

- 整数；

- 浮点数；

- 字符。

2.2.1　使用整数

整数是用于表示正数或负数的完整的数，例如，-3、-2、-1、0、1、2 和 3，但是，它没有小数点或小数部分。

整数数据类型保存了最多 4 个字节的信息，并且用关键字 int（integer 的缩写）来声明，如下面的代码所示：

```
int x;
```

在 C 语言中，可以使用一条 int 声明语句在同一行中声明多个变量，每个变量名之间用逗号隔开，如下所示：

```
int x, y, z;
```

前面的语句声明了名为 x、y 和 z 的 3 个变量。记住，第 1 章介绍过，在一条打印语句这样的可执行程序语句之后，或者在变量声明之后，都必须有一个语句终结符（;）。

2.2.2　使用浮点数

浮点数是很大的和很小的正数或负数，其中的小数位根据需要来表示不同程度的精度。例如，在用于指导飞机的纬度的程序中，要精确到 0.001 米（毫米）可能有点太过分了，但是，在用于指导制作微型芯片的程序中，精确到 0.001 米又太大了。

带符号的数字包含正数和负数，其中，无符号的数字只包含正数。如下是浮点数的几个例子：

- 09.4543

- 3428.27

- 112.34329

- -342.66

- -55433.33281

使用关键字 float 来声明浮点数，如下所示：

```
float operand1;
float operand2;
float result;
```

前面的代码声明了 3 个浮点数类型的变量，分别名为 operand1、operand2 和 result。

2.2.3 使用字符

字符数据类型叫做字符代码（character code）的整数值来表示。例如，字符代码 90 表示大写的字母 Z。注意，小写字母 z 的字符代码不同（122）。

字符表示不仅限于字母表中的字母，它们还可以表示数字 0 到 9，诸如星号（*）或空格这样的特殊字符，以及 Del 和 Esc 这样的键盘按键。一共有 128 个常见的字符编码（从 0 到 127），它们组成了键盘上最常用的那些字符。

字符代码是由著名的美国信息交换标准代码（American Standard Code for Information Interchange，ASCII）来确定的。要了解 ASCII 字符编码的列表，参见本书附录 E。

提示

ASCII 因其字符集而知名，该字符集使用较小的正数来表示字符或键盘值。

在 C 语言中，我们使用关键字 char（character 的缩写）来创建字符变量，如下所示：

```
char firstInitial;
char middleInitial;
char lastInitial;
```

必须用单引号将分配给字符变量的字符数据括起来。在下一节中，我们将会看到，等号（=）用于把数据复制给字符变量。

陷阱

不能将多个字符赋值给一个单个的字符变量类型。当需要用多个字符来存储一个单个的变量的时候，必须使用字符数组（将会在第 6 章介绍）或者字符串（将会在第 8 章介绍）。

2.3 初始化变量和赋值运算符

当初次声明变量的时候，程序将变量名（地址指针）分配给一个可用的内存位置。只是假设新赋值的变量位置为空，肯定是不安全的。内存位置有可能会包含之前用过的数据（或者随机的垃圾）。为了防止不想要的数据出现在新创建的变量之中，要初始化该变量，如下面的代码段所示：

```
/* Declare variables */
int x;
char firstInitial;
/* Initialize variables */
x = 0;
firstInitial = '\0';
```

上面的代码声明了两个变量，*x* 是整数类型的，firstIntial 是字符数据类型的。在创建（或声明）之后，我们给这两个变量分配了一个特殊的初始值，这个过程叫做初始化（initialization）。对于整数变量，我们分配的值是 0，对于字符数据类型，我们分配了字符组合\0，这也就是 Null。

注意，必须用单引号将 Null 括起来，就像对所有的字符数据赋值一样。

在编程语言（如 C 语言中）和关系数据库中（如 Oracle 和 SQL Server 中），Null 数据类型通常用于初始化内存位置。

尽管 NULL 数据类型是常用的计算机科学概念，但它容易令人混淆。实际上，NULL 字符是存储在一个内存位置的、未知的数据类型，然而，将 NULL 数据看成是空的或者无效的并不合适，相反，直接将 NULL 数据看成是未定义的。

当你使用一个值来初始化一个变量的时候，等号不是用做比较运算符，而是用做赋值运算符。

换句话说，你不是在说 *x* 等于 0，而是在说，值 *x* 将要赋给变量 *x*。

```
int x = 0;
char firstInitial = '\0';
```

上面的两行代码和下面的代码中的最后两行都完成同样的任务。

```
int x;
char firstInitial;
x = 0;
firstInitial = '\0';
```

2.4　打印变量的内容

要打印出变量的内容，使用 printf()函数和一些新的格式化选项，如下面的代码块所示：

```
#include <stdio.h>
```

```
int main()
{
    //variable declarations
    int x;
    float y;
    char c;
    //variable initializations
    x = -4443;
    y = 554.21;
    c = 'M';

    //printing variable contents to standard output
    printf("\nThe value of integer variable x is %d", x);
    printf("\nThe value of float variable y is %f", y);
    printf("\nThe value of character variable c is %c\n", c);
    return 0;
}
```

首先，我们声明了 3 个变量（一个整数、一个浮点数和一个字符），然后，初始化了每一个变量。在初始化了变量之后，使用 printf()函数和转换修饰符（将会在后面介绍），将每一个变量的内容都输出到计算机屏幕上。

上面的代码是一个完整的 C 程序，它展示了本章到目前为止所介绍的众多话题，其输出如图 2.1 所示。

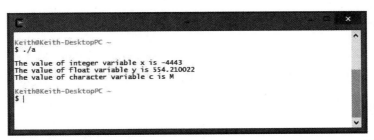

图 2.1　打印出变量的内容

2.5　使用转换修饰符

由于信息是以二进制数据的形式存储在计算机内存中的，并且一系列的 1 和 0 读起来并不是特别有趣，作为 C 程序员，你必须特意告诉 printf()这样的输入或输出函数，如何以一种对人类更加友好的形式把数据显示为信息。可以使用叫做转换修饰符（conversion specifier）的字符组合来完成这一貌似困难的任务。

转换修饰符由两个字符组成：第 1 个字符是一个百分号（%），第 2 个字符是一个特殊字符，告诉程序如何转换数据。表 2.3 描述了针对本章所讨论的数据类型最常使用的转换修饰符。

表 2.3　和 printf()一起使用的常用转换修饰符

转换修饰符	说明
%d	显示带符号的整数值
%f	显示带符号的浮点数值
%c	显示单个字符值

2.5.1　用 printf()显示整数数据类型

%d 转化修饰符和一条 printf()语句一起使用，来显示整数数据类型：

```
printf("%d", 55);
```

上面的语句会打印出如下的文本：

```
55
```

也可以使用%d 转换修饰符来显示声明为整数数据类型的一个变量的内容，如下所示：

```
int operand1;
operand1 = 29;
printf("The value of operand1 is %d", operand1);
```

在上面的语句中，我们声明了一个新的、名为 operand1 的整数变量。接下来，我们将数字 29 赋值给这个新创建的变量，并且使用 printf()函数和转换修饰符%d 来显示其内容。

要使用 printf()函数显示的每一个变量，都必须放在圆括号中并且用逗号（,）隔开。

2.5.2　用 printf()显示浮点数据类型

要显示浮点数值，像下面这样使用%f 转换修饰符。

```
printf("%f", 55.55);
```

如下是%f 转换修饰符的另一个例子，它打印出浮点变量的内容：

```
float result;
result = 3.123456;
printf("The value of result is %f", result);
```

尽管%f 转换修饰符能够显示浮点数，但它还不能够按照正确的或想要的精度来显示浮点数。如下的 printf()函数解决了精度的问题：

```
printf("%f", 55.55);
```

这个 printf()示例以小数点后面 6 位的精度来输出一个浮点数，如下所示：

```
55.550000
```

要创建带有精度的浮点数，在转换修饰符的%符号和 f 字符之间使用不同的数字方案，来调整转换修饰符：

```
printf("%.1f", 3.123456);
printf("\n%.2f", 3.123456);
printf("\n%.3f", 3.123456);
printf("\n%.4f", 3.123456);
printf("\n%.5f", 3.123456);
printf("\n%.6f", 3.123456);
```

以上代码会产生如下的输出：

```
3.1
3.12
3.123
3.1234
3.12345
3.123456
```

注意，我们在上面的每一条打印语句的前面（除了第 1 行代码之外）都添加了一个\n 转义序列。没有这个换行转义序列的话，每条语句的输出都将会在同一行，这会使得输出很难阅读。

2.5.3　用 printf()显示字符数据类型

使用%c 转换修饰符，可以很容易地显示字符：

```
printf("%c", 'M');
```

这条语句的输出只是一个单个的字母 M。和其他的转换修饰符一样，我们可以使用%c 转换修饰符和一个 printf()函数来输出一个字符类型的变量的内容，如下所示：

```
char firstInitial;
firstInitial = 'S';
printf("The value of firstInitial is %c", firstInitial);
```

可以在单个的 printf()函数中，使用多个转换修饰符：

```
char firstInitial, middleInitial, lastInitial;
firstInitial = 'M';
middleInitial = 'A';
lastInitial = 'V';
printf("My Initials are %c.%c.%c.", firstInitial, middleInitial, lastInitial);
```

上面的程序语句的输出如下所示：

```
My Initials are M.A.V.
```

注意，在下面的语句中，要用 printf()函数显示的每一个变量，都放在双引号之外，并且用一个逗号隔开：

```
printf("My Initials are %c.%c.%c.", firstInitial, middleInitial, lastInitial);
```

printf()的双引号之中的文本，是给可显示的文本、转换修饰符和转义序列保留的。

2.6　理解常量

常量（constant）数据类型通常也叫做只读变量，在程序执行中，它们不会丢失其数据值。当我们需要复用数据值且不会修改它的时候，经常会使用常量。

常量数据值可以是很多的数据类型，但是，当初次创建常量的时候，必须要赋值，如下所示：

```
const int x = 20;
const float PI = 3.14;
```

注意放在数据类型前面的关键字 const，它标志着这是一个只读的变量或常量。可以将转换修饰符和 printf()函数一起使用来打印出常量的值，就像打印出常规变量一样，如下面的程序代码所示：

```
#include <stdio.h>

int main()
{
    const int x = 20;
    const float PI = 3.14;
    printf("\nConstant values are %d and %.2f\n", x, PI);
    return 0;
}
```

图 2.2 展示了上面的代码块的输出。

图 2.2　打印出常量数据类型的值

2.7　使用编程惯例和风格

你的程序就是你本人的一种反射，并且，源代码应该显示出一种流畅且一致的风格，从而引导阅读者查看整个算法和程序流程。就像是提供交通功能的桥梁一样，风格可以让结构工程师和游客都感受到其美学价值。

你应该坚持一种让自己和其他人能够很容易地阅读代码的风格和惯例。一旦你选择了一种编程风格并且习惯了它，重要的是要保持一致性。换句话说，要坚持它，在同一个程序之中，不要为变量交叉使用命名惯例或者混合使用缩进风格。

在学习如何编程的时候，你至少应该专门考虑两个领域，以开发出一种一致的编程惯例和风格：

* 空白；
* 变量命名惯例。

2.7.1　使用空白

在程序设计的圈子里，并不经常讨论空白，因为它并不提供计算上的好处。实际上，编译器会忽略空白，因此，你可以按照自己的意愿来处理它。到底什么是空白呢？打个比方，空白就是你编程的画布。使用不当，它会耗费代码阅读者的眼力；使用得当，它能够变成程序的优点。举几个如何控制空白的几个例子，它们和使用花括号和缩进有关。

缩进是必不可少的，它引导你的视线进入或跳出程序控制。例如，看一下如下这个示例的 main() 函数，视线会很快告诉你，函数中的代码从逻辑上就属于该函数：

```
int main()
{
    //your code in here
}
```

关于缩进，经常遇到的一个问题就是制表符和空格之间的争论。这个争论最终以支持空格而很容易地得到了解决。支持空格的背后理论是因为，实际上制表符可以设置为占据不同的列数。当另外一位程序员打开你的代码的时候，他可能给自己的制表符设置了不同的列数，最终，这会导致格式不一致。

对于程序员初学者来说，另一个常见的问题是缩进多远。我喜欢 2 个到 4 个空格的缩进。4 个空格以上的缩进，最终可能会导致一行代码太长了。这里的目标是保持一致的缩进风格，从而使得代码能够在计算机屏幕上对齐。

关于空格，还有一件事情需要考虑，这就是花括号的风格，这和缩进的风格密切相关。就像缩进一样，也有多种不同的花括号风格，尽管你很可能会喜欢如下这种：

```
int main()
{
//your code in here
}
```

又或者是另外一种：

```
int main(){
    //your code in here
}
```

和任何的风格一样，选择权在你的手里，但是，我建议综合考虑，选择一种你所习惯的并且能够和团队的其他人所使用的风格一致的风格。在本书中，我针对每个级别的缩进使用4 个空格。

2.7.2　变量命名惯例

如下列出了在声明和命名变量的时候至少应该遵守的规则：

- 用一个前缀标识数据类型；
- 使用合适的大写字母或小写字母；
- 给变量一个有意义的名字。

针对变量名采用一种命名法，这并没有一种对的方法，尽管有的方法比另一些方法要好。在确定你的命名标准之后，最重要的过程就是，在每一个程序中都要保持一致的做法。

在后面的几个小节中，我将向你介绍几种不同的方法，对我和很多其他采用了上述的规则的程序员来说，这些方法都很有效。

陷阱

除了遵从一致的变量命名惯例，还要注意，不要在变量名中使用保留字符。作为一条一般性的规则，请遵从如下的建议：

- 总是以一个小写字母开始变量名；

- 在变量名中不要使用空格；

- 在变量名中，只使用字母、数字和下划线（-）；

- 确保变量名少于 31 个字母，以遵从 ANSI C 标准。

2.7.3 用前缀表示数据类型

在使用变量的时候，我倾向于选择 3 种类型的前缀之一，如下所示：

```
int intOperand1;
float fltResult;
char chrMiddleInitial;
```

对于每种变量数据类型，我都选择一个单字符的前缀，i（integer 的缩写）、f（float 的缩写）或者 c（character 的缩写）。当我在自己的程序代码中看到如下这 3 个变量的时候，我立刻知道它们的数据类型是什么：

```
int iOperand1;
float fResult;
char cMiddleInitial;
```

即便这些变量并没有表露出它们的数据类型，当试图判断变量的内容类型的时候，你还是可以很容易地从前缀中看出来。此外，当和相应的大写和小写字母组合使用的时候，这些单字符的前缀工作得很好，下一小节将会介绍这一点。

2.7.4 正确地使用大写字母和小写字母

变量中的每个单词的第一个字母大写（如下面的代码所示），这是最常用也是最受欢迎的变量命名惯例：

```
float fNetSalary;
char cMenuSelection;
int iBikeInventoryTotal;
```

在每个单词中使用大写字母，这使得更容易阅读变量名并识别其作用。现在来看一下相同名称的变量，只不过这一次没有使用大写字母：

```
float fnetsalary;
char cmenuselection;
int ibikeinventorytotal;
```

哪种变量名称更容易阅读呢？

除了使用大写字母增加可读性，一些程序员喜欢使用下划线字符来分隔单词，如下所示：

```
float f_Net_Salary;
char c_Menu_Selection;
int i_Bike_Inventory_Total;
```

使用下划线字符肯定会使得变量名更加可读，但是，我感觉这有点难看。

常量数据类型为创建标准命名惯例提出了另一个挑战。我喜欢如下的命名惯例：

```
const int constWeeks = 52;
const int WEEKS = 52;
```

在第 1 个常量声明中，我使用了 const 前缀表明 constWeeks 是一个常量。然而，注意，我还在常量名中将首字母大写以保持可读性。

在第 2 个声明中，我直接将常量名中的每一个字母都大写了。这种命名风格真的很突出。

2.7.5　给变量一个有意义的名称

给变量一个有意义的名称，这可能是变量命名惯例中最重要的原则。坚持这么做，可以编写出自文档化的代码。考虑如下的代码，它使用注释来描述变量的作用：

```
int x; //x is the Age
int y; //y is the Distance
int z; //z is the Result
```

上面的变量声明并没有使用有意义的名称，因此，它需要某种形式的文档（如注释）来使得代码的作用更加易于理解。相反，看一下如下的自文档化的变量名称：

```
int iAge;
int iDistance;
int iResult;
```

2.7.6　使用 scanf()函数

到目前为止，我们已经学习了如何使用 printf()函数将输出发送到计算机的屏幕。在本节中，我们将学习如何使用 scanf()函数从用户那里接受输入。

scanf()是标准输入输出库<stdio.h>所提供的另一个内建函数，它从键盘读取标准输入，并且将其存储到之前声明的变量中。它接受两个参数：

```
scanf("conversion specifier", variable);
```

转换修饰符参数告诉 scanf()如何转化输入的数据。可以使用和表 2.3 给出的相同的转换修饰符。表 2.4 再次给出和 scanf()函数相关的转换修饰符。

表 2.4　和 scanf()函数相关的转换修饰符

转换修饰符	说明
%d	接受整数值
%f	接受浮点数
%c	接受字符

如下的代码给出了一个完整的 C 程序，这是一个加法器（Adder）程序，它使用 scanf()函数读入两个整数并且将它们相加。其输出如图 2.3 所示。

```c
#include <stdio.h>

int main()
{
    int iOperand1 = 0;
    int iOperand2 = 0;
    printf("\n\tAdder Program, by Keith Davenport\n");
    printf("\nEnter first operand: ");
    scanf("%d", &iOperand1);
    printf("Enter second operand: ");
    scanf("%d", &iOperand2);
    printf("The result is %d\n", iOperand1 + iOperand2);
    return 0;
}
```

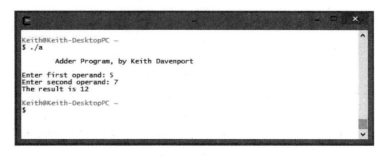

图 2.3　使用 scanf()接受来自用户的输入

第 1 个 printf()函数调用，提示用户输入一个数字：

```
printf("\nEnter first operand: ");
```

你可能注意到了，上面的 printf()函数既没有在末尾包含一个变量，也没有在语句的末尾包含一个转义序列\n。当在 printf 语句的末尾漏掉换行转义序列的时候，程序控制会在适当的位置暂停，等待用户输入。

下面这行代码使用 scanf()函数接受来自用户的输入：

```
scanf("%d", &iOperand1);
```

scanf()的第 1 个参数是一个整数转换修饰符（"%d"），它告诉程序将输入值转换为一个整数。第 2 个运算符是一个取址运算符（&），后面跟着变量的名称。

实际上，这个取址运算符包含了一个指针，指向了变量在内存中的位置。我们将在第 7 章学习关于取址运算符（&）的更多知识，当然也会讨论指针。现在，你只需要知道在使用 scanf()函数的时候，必须在取址运算符之后加上一个变量名。

陷阱

在一个 scanf()函数中，忘记在变量前放置取址运算符（&）并不总是会产生编译器错误，但是，在程序执行的过程中，这总是会导致内存访问的问题。

在从用户那里接收到两个数字（运算数）之后，可以使用一条打印语句来显示如下的结果。

```
printf("The result is  %d\n", iOperand1 + iOperand2);
```

在这条打印语句中，我包含了一个单个的转换修饰符（%d），它告诉程序显示一个单个的整数值。在 printf()函数的第 2 个参数中，我使用加号（+）把用户输入的两个数字加了起来。

2.8   用 C 做算术运算

正如前面小节中的 Adder 程序所展示的，C 语言使得程序员能够执行所有的各种类型的算术运算。表 2.5 展示在 C 语言编程的入门阶段最常使用的算术运算符。

表 2.5   常用算术运算符

运算符	说明	示例
*	乘法	fResult = fOperand1 * fOperand2
/	除法	fResult = fOperand1 / fOperand2

运算符	说明	示例
%	取模（取余数）	fRemainder = fOperand1 % fOperand2
+	加法	fResult = fOperand1 + fOperand2
−	减法	fResult = fOperand1 − fOperand2

在上一小节的 Adder 程序中，在处理常用算术运算的时候，我使用了快捷方式，即在 printf() 函数中执行了计算。然而这不是必需的，你可以使用其他的变量和程序语句来得到相同的结果。例如，如下的代码是 Adder 程序的另一个变体，它使用了其他的程序语句来达到相同的结果。

```
#include <stdio.h>

int main()
{
    int iOperand1 = 0;
    int iOperand2 = 0;
    int iResult = 0;

    printf("\n\tAdder Program, by Keith Davenport\n");
    printf("\nEnter first operand: ");
    scanf("%d", &iOperand1);

    printf("Enter second operand: ");
    scanf("%d", &iOperand2);

    iResult = iOperand1 + iOperand2;
    printf("The result is %d\n", iResult);
    return 0;
}
```

在 Adder 程序的这个版本中，我使用了两条额外的语句得出了相同的结果。我声明了另外一个名为 iResult 的变量，并且使用另外一条语句将 iOperand1 + iOperand2 的结果赋值给它（如下所示），而不是在 printf() 函数中执行算术运算。

```
iResult = iOperand1 + iOperand2;
```

记住，等号（=）是一个赋值运算符，其中，运算符（=）右边的值将会赋值到运算符的左边。例如，不能这么描述：iResult 等于 iOperand1 加 iOperand2。这么说是不对的，相反，应该像下面这样说：iResult 获得了 iOperand1 加上 iOperand2 的值。

2.9　理解运算符优先级

在任何编程语言中，处理算术运算的时候，运算符的优先级都是很重要的。C 语言中的运算符优先级参见表 2.6。

表 2.6　运算符优先级

优先级	说明
()	括号优先计算，从最内层的括号向最外层的括号计算
*、/、%	其次计算这些，从左到右计算
+、−	最后计算这些，从左到右计算

考虑如下的算式，它使用圆括号来表明正确的运算顺序：

```
f = (a - b)(x - y);
```

假设 a=5、b=1 并且 y=10，你可以使用如下的语法，用 C 来实现该表达式：

```
intF = (5 - 1) * (10 - 5);
```

使用正确的计算顺序，intF 的值将会是 20。看一下 C 语言中的相同的实现，这一次，没有使用圆括号来表明正确的计算顺序。

```
intF = 5 - 1 * 10 - 5;
```

没有去实现正确的运算顺序，intF 的结果将会是−10。

2.10　本章程序:Shop Profit

本章的一个简单的程序，是完成一家销售游戏装备的商店的一部分计算工作。Shop Profit 程序用到了本章中的很多概念，例如，变量、使用 printf()函数和 scanf()函数进行输入和输出，以及算术运算基础，如图 2.4 所示。

编写 Shop Profit 程序所需的所有 C 代码如下所示：

```
#include <stdio.h>

int main()
{
```

```
float fRevenue, fCost;
        /* profit = revenue - cost */

printf("\nEnter total revenue: ");
scanf("%f", &fRevenue);

printf("\nEnter total cost: ");
scanf("%f", &fCost);

printf("\nYour profit is $%.2f\n", fRevenue - fCost);
return 0;
}
```

图 2.4　使用 Shop Profit 程序展示本章中的概念

2.11　本章小结

- 计算机的长时间"记忆"叫做非易失性内存，通常和较大的存储设备相关，例如硬盘、大规模磁盘阵列、磁盘和光盘。

- 计算机的短时间"记忆"叫做易失性内存，当计算机断电的时候，它会丢失数据。

- 整数是表示正数或负数的完整的数字。

- 浮点数表示所有的数字，包括有符号的和无符号的整数和小数数字。

- 有符号的数包括正数和负数，其中，无符号的数只能包含正数。

- 字符数据类型是字符代码的整数值形式的表示。

- 转换修饰符用来将计算机内存中的不可读的数据显示为信息。

- 常量数据类型在程序执行中保持其值不变。

- 编译器会忽略空白，并且通常使用诸如缩进和花括号位置这样的编程风格来管理空白，以实现程序的可读性。

- 命名惯例有如下 3 条有用的规则：

  1．用一个前缀标识出数据类型；

  2．正确地使用大写和小写字母；

  3．给变量一个有意义的名称。

- scanf()函数从键盘读取标准输入并且将其存储到之前声明的变量中。

- 等号（＝）是一个赋值运算符，其中，运算符右边的值将赋给运算符左边的变量。

- 在运算符优先级中，首先计算圆括号中的内容，从最内层向最外层计算。

2.12　编程挑战

1．假设 a=5、b=1、x=10 且 y=5，编写一个程序，使用一个单个的 printf()函数输出表达式 $f = (a - b)(x - y)$的结果。

2．编写一个程序，使用前面的算式并显示结果，这一次，提示用户为 a、b、x 和 y 输入值。使用合适的变量命名惯例。

3．编写一个程序，提示用户输入一个字符名称。使用 scanf()函数，将用户选择的名称存储起来，并且使用该名称返回一个问候。

4．创建一个 Shop Revenue 程序，它使用如下的公式，提示用户输入数字，来确定销售商品的总收入。

```
Total Revenue = Price * Quantity
```

5．编写一个程序，提示用户输入数据并使用如下的公式来确定销售商品的回扣。

```
Commission = Rate * (Sales Price - Cost)
```

第3章
条件

条件（condition，通常也称为程序控制、判断或表达式）使得你能够创建一个程序，让它根据某一个条件是否为真，从而执行不同的计算任务和动作。学会如何在程序代码中使用和构建条件，这使得你可以编写更加流畅、有趣和富有可交互性的程序。

在本章中，我将介绍基本的计算机科学理论，帮助你掌握算法分析和布尔代数的基本概念。回顾这些主题将为你理解条件式程序控制打下必备的基础。

本章包括以下内容：

- 用于条件的算法；

- 简单的 if 结构；

- 嵌套的 if 结构；

- 布尔代数简介；

- 复合 if 结构和输入验证；

- switch 结构；

- 随机数；

- 本章程序：Fortune Cookie。

3.1　用于条件的算法

算法是计算机科学的基础。实际上，很多计算机科学教授都说，计算机科学其实就是算法分析。

算法是解决一个问题的有限的、分步骤的过程，它从一个问题的描述开始。作为程序员，我们根据这个问题描述来形成一个算法，从而解决该问题。构建算法和算法分析的过程，应该在编写任何程序代码之前进行。

为了让算法更加可视化，程序员和分析师通常使用两种工具之一来展示程序流程（也就是算法）。在接下来的几个小节中，我们将介绍如何构建并使用这两种算法工具（也就是伪代码和流程图）。

3.1.1　表达式和条件运算符

在用伪代码、流程图或任何的编程语言来构建和计算表达式的时候，条件运算符都是关键的因素。

然而，并非所有的编程语言都使用相同的条件运算符，因此，了解 C 语言使用哪些条件运算符是很重要的。

表 3.1 列出了 C 语言所使用的条件运算符。

表 3.1　条件运算符

运算符	说明
==	相等（两个等号）
!=	不相等
>	大于
<	小于
>=	大于或等于
<=	小于或等于

当使用条件运算符来构建表达式（条件）的时候，表达式的结果要么为 true，要么为 false。

表 3.2 展示了当使用条件运算符的时候的 true/false 结果。

表 3.2　表达式的结果

表达式	结果
5 == 5	true
5 != 5	false
5 > 5	false

表达式	结果
5 < 5	false
5 >= 5	true
5 <= 5	true

3.1.2 伪代码

程序员通常使用伪代码（pseudocode）来帮助开发算法。伪代码主要是充当人类能够读懂的语言和实际的编程语言之间的桥梁。由于伪代码和编程语法有一定的相似性，它在程序员之中总是比在分析师中更为流行。

由于有很多不同的编程语言，其语法也各不相同，不同程序员手中的伪代码很可能有所不同。例如，即便两个程序员要解决同一个问题，一名 C 程序员的伪代码看上去和一名 Java 程序员的伪代码可能会略有不同。

尽管如此，如果使用恰当并且没有对语言规范的严重依赖，伪代码仍然是能够帮助程序员快速记录和分析算法的强大而有力的工具。例如，考虑如下这个问题描述。

> 如果一个角色的生命值是 100 或者更少，喝下增加生命值的药水；如果生命值达到 100 或者更多，继续战斗

给定了这个问题描述，我的算法的伪代码实现如下所示：

```
if health <= 100
    Drink health potion
else
    Resume battle
end if
```

这段伪代码组合使用了语言和编程语法，来描述算法的流程；然而，如果将其插入到一个 C 程序中，它是无法编译的。但是，伪代码的目的并非要编写可用的代码。程序员使用伪代码作为展示算法的一种方便的表示方法，但是，最终的程序代码并不一定是这样的。一旦写下了伪代码，可以很容易地将其转换为任何一种编程语言。

如何编写伪代码，这最终取决于你，但是，你应该努力让伪代码尽可能地独立于语言。

这里还有另一个问题描述，需要使用判断。

让一个角色从游戏的银行账户存金币或取金币，并且，如果用户选择取金币的话，确保账户有足够的余额

这个问题描述的伪代码如下所示：

```
if action == deposit
    Deposit gold into account
else
    if balance < amount requested
        Insufficient gold for transaction
    else
        Withdraw gold
    end if
end if
```

上面的伪代码中第 1 个有趣的地方在于，我在一个父条件中嵌套了一个条件。我们说，嵌套的条件属于其父条件，也就是说，如果没有满足父条件的话，是不会去计算这个嵌套的条件的。在这个例子中，也就是说，action 必须不等于 deposit，嵌套的条件才会计算。

还要注意，对于用伪代码实现的每一个算法，我都使用了一种标准形式的缩进，从而提高可读性。

看一下如下的同一段伪代码，这一次，没有使用缩进：

```
if action == deposit
Deposit gold into account
else
if balance < amount requested
Insufficient gold for transaction
else
Withdraw gold
end if
end if
```

你可能已经看到了使用缩进给可读性带来的好处，上面的伪代码很难阅读和理解。伪代码或者实际的程序代码中没有缩进的话，我们也很难区分嵌套的条件的位置。

在接下来的小节中，我们将学习如何使用流程图来实现前面所展示的相同的算法。

3.1.3 流程图

流程图（flowchart）在计算分析人员中很流行，它使用图形化的符号来描述算法或程序流程。在本节中，我们使用 4 种常见的流程图符号来描述程序流程，如图 3.1 所示。

为了展示流程图技术，再看一下上一小节中提到的喝增加生命值药水的算法：

```
if health <= 100
    Drink health potion
else
    Resume battle
end if
```

使用流程图技术，可以很容易地表示增加生命值药水的算法，如图 3.2 所示。

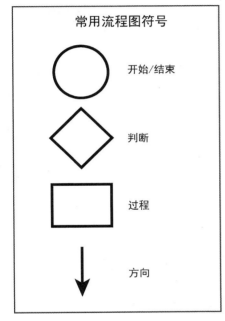

图 3.1　常用流程图符号

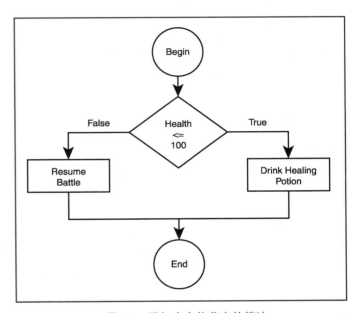

图 3.2　增加生命值药水的算法

图 3.2 的流程图使用了一个判断符号来表示一个表达式。如果表达式的结果为 true，程序流程将会向右边移动，处理一条语句，然后结束。如果表达式计算为 false，程序流程向左移动，处理另外一条语句然后结束。

首要的规则是，当表达式计算为 true 的时候，流程图的判断符号总是应该向右移动。然而，有的时候，你可能不会在意一个表达式是否计算为 false。例如，看一下用伪代码实现的如下的算法：

```
if target hit == true
    Increment player's score
end if
```

在上面的伪代码中，我只关心当碰到目标的时候增加玩家的得分。也可以使用流程图来表示相同的算法，如图 3.3 所示。

我们还可以使用流程图来描述较为复杂的判断，例如嵌套的条件，但是，必须对程序流程多加小心。为了说明这一点，再来看一下前面使用过的银行储蓄过程的伪代码。

```
if action == deposit
    Deposit gold into account
else
    if balance < amount requested
        Insufficient gold for transaction
    else
        Withdraw gold
    end if
end if
```

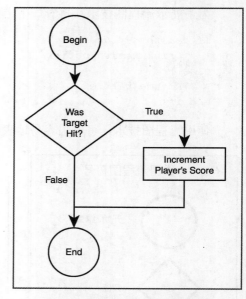

图 3.3　碰撞目标算法的流程图

这个算法的流程图如图 3.4 所示。

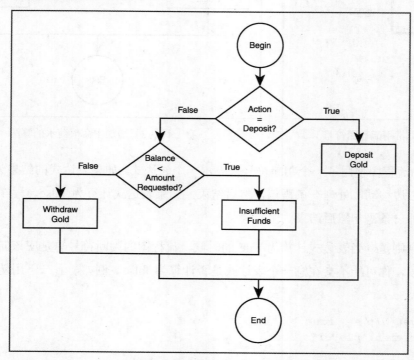

图 3.4　银行储蓄过程的流程图

从图 3.4 中可以看到，我使用了两个菱形符号来描述两个不同的判断。但是，如何知道哪个菱形表示一个嵌套的条件呢？这个问题问得好。在查看流程图的时候，乍一看很难判断出嵌套的条件，但是记住，在第 1 个菱形符号（条件）之后的任何内容（包括过程或条件），实际上都是属于该条件的，因此，这些内容也就是嵌套在该条件之中的。

在后面的几个小节中，我们将从理论走向应用，并且介绍如何使用 C 语言的 if 结构来实现简单的、嵌套的和复合的条件。

3.2　简单的 if 结构

稍后你将会看到，C 语言中的 if 结构和前面讨论的伪代码类似，只有一点点例外。为了说明这一点，再来看一下喝增加生命值药水算法的伪代码：

```
if health <= 100
    Drink health potion
else
    Resume battle
end if
```

如果用 C 语言实现上面的伪代码，如下所示：

```
if (iHealth <= 100)
    //Drink health potion
else
    //Resume battle
```

条件中的第 1 条语句，检查表达式（iHealth <= 100）的结果是 true 还是 false。必须将这个表达式放在圆括号之中。如果这个表达式的结果是 true，将会执行 Drink health 部分的代码；如果这个表达式的结果是 false，将会执行 else 部分的代码。还要注意，C 语言中的没有表示结束的 if 语句。

```
if (iHealth <= 100) {
    //Drink health potion
    printf("\nDrinking health potion!\n");
}
else {
    //Resume battle
    printf("\nResuming battle!\n");
}
```

关于每个花括号的放置，重要的是，花括号要放置在语句块的开始和结束处。例如，我们可以把上面的代码段中的花括号的位置修改为如下所示，而并不影响程序的结果：

```
if (IHealth <= 100)
{
    //Drink health potion
    printf("\nDrinking health potion!\n");
}
else
{
    //Resume battle
    printf("\nResuming battle!\n");
}
```

在这里，一致性是最重要的因素。直接选择一种适合的花括号放置风格，并且坚持使用它。

使用基本的 if 结构实现这一思路的一个较小的程序，其输出如图 3.5 所示。

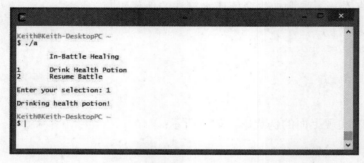

图 3.5　展示基本的 if 结构

图 3.5 所对应的程序代码如下所示：

```
#include <stdio.h>

int main()
{
    int iResponse = 0;

    printf("\n\tIn-Battle Healing\n");
    printf("\n1\tDrink Health Potion\n");
    printf("2\tResume Battle\n");

    printf("\nEnter your selection: ");
    scanf("%d", &iResponse);

    if (iResponse == 1)
        printf("\nDrinking health potion!\n");
```

```
    if (iResponse == 2)
        printf("\nResuming battle!\n");
    return 0;
}
```

首先，我使用 printf() 函数来显示一个菜单系统。接下来，使用 scanf() 函数接受了用户的选项，最后（使用 if 结构）将用户的输入和两个单独的有效数字进行比较。根据条件的结果，程序会向用户显示一条消息。

注意，在 if 结构中，我将一个整数变量和一个数字进行比较。这是可以接受的，只要你是将苹果和苹果比较，橙子和橙子比较，就可以在 if 结构中使用变量。换句话说，只要你是将数字和数字比较，将字符和字符比较，就可以在表达式中组合使用变量和其他数据。

为了说明这一点，下面再次给出相同的程序代码，这一次，使用字符作为菜单选项：

```
#include <stdio.h>

int main()
{
    char cResponse = '\0';

    printf("\n\tIn-Battle Healing\n");
    printf("\na\tDrink Health Potion\n");
    printf("b\tResume Battle\n");

    printf("\nEnter your selection: ");
    scanf("%c", &cResponse);

    if (cResponse == 'a')
        printf("\nDrinking health potion!\n");

    if (cResponse == 'b')
        printf("\nResuming battle!\n");
    return 0;
}
```

我将变量从一个整数数据类型修改为一个字符数据类型，并且修改了 scanf() 函数和 if 结构，以便能够采用基于字符的菜单。

3.3 嵌套的 if 结构

再来看看银行存款过程的伪代码实现，以展示 C 语言中的嵌套 if 结构：

```
if action == deposit
    Deposit gold into account
else
    if balance < amount requested
        Insufficient gold for transaction
    else
        Withdraw gold
    end if
end if
```

由于在父条件的 else 子句中有多条语句，当用 C 语言实现这个算法的时候，我需要使用花括号（如下所示）。

```
if (action == deposit) {
    //deposit gold into account
    printf("\nGold deposited\n");
}
else {
    if (balance < amount_requested)
        //insufficient gold
    else
        //withdraw gold
}
```

为了实现这个简单的银行存款系统，我直接把一个初始的余额编写到变量声明中。你可以看到，这个银行系统的示例输出如图 3.6 所示。

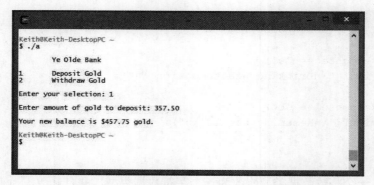

图 3.6　用银行系统的规则作为嵌套的 if 结构的示例

```
#include <stdio.h>

int main()
{
    int iSelection = 0;
    float fTransAmount = 0.0;
    float fBalance = 100.25;
```

```
printf("\n\tYe Olde Bank\n");
printf("\n1\tDeposit Gold\n");
printf("2\tWithdraw Gold\n");

printf("\nEnter your selection: ");
scanf("%d", &iSelection);

if (iSelection == 1) {
    printf("\nEnter amount of gold to deposit: ");
    scanf("%f", &fTransAmount);
    printf("\nYour new balance is: $%.2f gold\n", fBalance + fTransAmount);
} //end if

if (iSelection == 2) {
    printf("\nEnter amount of gold to withdraw: ");
    scanf("%f", &fTransAmount);
    if (fTransAmount > fBalance)
        printf("\nInsufficient funds\n");

    else
        printf("\nYour new balance is $%.2f gold\n", fBalance - fTransAmount);
} //end if
    return 0;
} //end main function
```

注意，当使用 if 结构来表示逻辑语句块的结束的时候，我使用了注释。实际上，我这么做是为了尽量避免将多个结束花括号的用途给搞混淆了，即便这只是一个简单的程序。

3.4　布尔代数简介

在介绍下一种类型的条件（复合 if 结构）之前，我想要先介绍使用布尔代数的复合条件的一些基本知识。

布尔代数通常使用 3 种运算符（and、or 和 not）来操作值（true 和 false）。

布尔代数

布尔代数是为了纪念英国 19 世纪数学家 George Boole。他通过使用 true（用 1 表示）和 false（用 0 表示）值，发展了自己的数学逻辑分支。布尔运算和基本代数不同，它并不是基于加法和乘法的，而是基于 and（与）、or（或）和 not（非）运算符的。

即便 Boole 的工作还在计算机发明之前，但他的代数理论成为现代电子技术的基础。

3.4.1　and 运算符

and 运算符用于构建复合条件。条件的每一边都必须为 true，整个条件才能为 true。考虑如下的表达式：

```
3 == 3 and 4 == 4
```

这个复合条件包含了两个单独的表达式或条件，and 运算符的每一边各有一个。第 1 个条件计算为 true，第 2 个条件也为 true，这导致整个表达式的结果都为 true。

如下是计算为 false 的另一个复合条件：

```
3==4 and 4==4
```

这个复合条件计算为 false，因为 and 运算符的一边不为 true。研究一下表 3.3，可以更好地了解 and 运算符可能的结果。

表 3.3　and 运算符的真值表

x	y	结果
true	true	true
true	false	false
false	true	false
false	false	false

真值表（truth table）使得我们能够看到包含了复合条件的一个表达式中所有可能的情况。表 3.3 中的真值表展示了 and 运算符的两个可能的输入值（x 和 y）。正如你所看到的，对于 and 运算符来说，只有一种可能的组合会得到 true 的结果，即当两边的条件都为 true 的时候。

3.4.2　or 运算符

or 运算符和 and 运算符类似，它至少也包含两个表达式，并且也是用于组合一个复合条件。然而，or 运算符的不同之处在于，复合条件的两边只需要一边为 true，整个表达式就会为 true。考虑如下的复合条件：

```
4 == 3 or 4 == 4
```

在上面的复合条件中，一边计算为 false，而另一边计算为 true，这使得整个表达式的结果为 true。为了展示 or 运算符的所有可能的情况，请研究表 3.4。

表 3.4 or 运算符的真值表

x	y	结果
true	true	true
true	false	true
false	true	true
false	false	false

注意，表 3.4 表明了只有当 or 运算符两边的结果都是 false 这种情况，才会产生一个 false 的结果。

3.4.3　not 运算符

本章要介绍的最后一种逻辑运算符就是 not 运算符。not 运算符乍一看很容易理解，但是当在复合条件编程中使用它的时候，有点容易令人混淆。

实际上，not 运算符产生与任何当前结果相反的值。例如，如下的表达式在一个复合条件中使用 not 运算符。

```
not( 4 == 4 )
```

内部的表达式 4 == 4 计算为 true，但是 not 运算符迫使整个表达式的结果变为 false。换句话说，true 的相反的值就是 false。

看一下表 3.5 来进一步了解 not 运算符。

表 3.5 not 运算符的真值表

x	结果
true	false
false	true

注意，在构建一个复合条件的时候，not 运算符只包含一个输入值（x）。

提示

C 语言将所有非零的值计算为 true，将所有零值计算为 false。

3.4.4　运算优先级

注意，我们已经看到了布尔运算符 and、or 和 not 是如何工作的，可以使用布尔代数来进一步拓展解决问题的技能了。然而，在充实这一技能之前，必须先理解运算的优先级，因为这和程序的执行有关。

当用布尔代数或者任何编程语言的实现来处理复合条件的时候，运算的优先级变得极为重要。

为了说明运算的优先级，我们使用圆括号来使得复合条件更加清晰。例如，假设 x=1、y=2 并且 z=3，看看如下的复合条件：

```
z < y and x > z or y < z
```

没有使用圆括号来表明运算的顺序，因此我们必须假设复合条件的顺序是从左到右的。为了看看这是如何工作的，我们将问题分解为如下的示例：

1. 首先，执行表达式 z < y and x > z，其结果为 false and false，这导致整个结果为 false。

2. 接下来，执行 false or y < z，这会得到 false or true，这导致整个结果为 true。

但是，当我使用圆括号来改变运算顺序的时候，会得到不同的结果，如下所示：

```
z < y and (x > z or y < z)
```

1. 首先，计算（x > z or y < z），这会得到 false or true，这导致整个结果为 true。

2. 接下来，计算表达式 z < y and true，这会导致 false and true，而最终的结果为 false。

现在你应该看到了，使用或不使用圆括号来确定计算的顺序，得到了不同的结果。

3.4.5　用布尔运算符构建复合条件

使用布尔运算符和运算顺序，我们可以很容易地构建和解决布尔代数问题。练习解决这类问题，将会增强你的分析能力，而这最终会使得你成为能力强大的程序员，从而能够很好地将复合条件用于程序之中。

尝试解决如下的布尔代数问题，假设

```
x == 5, y == 3, and z == 4

1. x > 3 and z == 4
2. y >= 3 or z > 4
3. NOT(x == 4 or y < z)
4. (z == 5 or x > 3) and (y == z or x < 10)
```

表 3.6 列出了上述布尔代数问题的答案。

表 3.6 布尔代数问题的答案

问题	答案
1	true
2	true
3	false
4	true

3.5 复合 if 结构和输入验证

我们可以使用新学习的关于复合条件的知识，来用 C 语言构建复合 if 条件，或者也可以用任何编程语言来完成这件事情。

和在布尔代数中一样，C 语言中的复合 if 条件通常使用操作符 and 和 or，如表 3.7 所示。

表 3.7 实现复合条件的常用字符组合

字符组合	布尔运算符
&&	and
||	or

正如你将在后面几个小节中所见到的，可以在各种表达式中使用这些字符组合，从而在 C 语言中构建复合条件。

3.5.1 &&运算符

&&运算符实现了 and 布尔运算符，并且使用两个&符号来从左到右地计算布尔表达式。运算符两边都必须计算为 true，整个表达式的结果才能成为 true。

如下的两段代码展示了 C 的&&运算符的使用。第 1 个代码段在一个复合的 if 条件中使用了 and 运算符（&&），这得到了一个 true 的结果。

```
if ( 3 > 1 && 5 < 10 )
    printf("The entire expression is true\n");
```

下一个复合 if 条件的结果为 false：

```
if ( 3 > 5 && 5 < 5 )
    printf("The entire expression is false\n");
```

3.5.2 ||运算符

||字符组合（或布尔运算符）使用两个管道符号来形成一个复合条件，它也是从左向右计算的。如果条件的两边都为 true，那么，整个表达式的结果都为 true。

如下的代码段展示了使用||运算符的一个复合 if 条件，它得到一个结果为 true 的表达式：

```
if ( 3 > 5 || 5 <= 5 )
    printf("The entire expression is true\n");
```

下面的复合条件计算为 false，因为||运算符的两边都计算为 false。

```
if ( 3 >  5 || 6 <  5 )
    printf("The entire  expression is false\n");
```

技巧

在一个 if 条件中，考虑在单个的语句周围使用花括号。例如，如下的程序代码

```
if ( 3 > 5 || 6 < 5 )
    printf("The entire expression is false\n");
```

和下面的代码是相同的

```
if ( 3 > 5 || 6 < 5 ) {
    printf("The entire  expression is false\n");
}
```

用一个花括号将一个单行的 if 条件语句区分开来，这有助于确保对该 if 语句的所有后续修改都能够避免引发逻辑错误。当程序员开始给一个单行的 if 语句体添加额外的语句，但是却忘记了添加花括号的时候，逻辑错误就会悄悄地潜入到了代码之中。

3.5.3 检查大写字母和小写字母

第 2 章介绍过，字符是用 ASCII 字符集来表示的。例如，小写字母 a 用 ASCII 字符代码 97 表示，大写字母 A 用 ASCII 字符代码 65 表示。

那么，这对我们来说意味着什么呢？看一下如下的 C 程序：

```
#include <stdio.h>

int main()
{
    char cResponse = '\0'; printf("Enter the letter A: ");
    scanf("%c", &cResponse);
```

```
    if ( cResponse == 'A' )
        printf("\nCorrect response\n");
    else
        printf("\nIncorrect  response\n");
    return 0;
}
```

在上面的程序中，在输入了字母 a 之后，会得到什么回复？你可能想不到吧，会接收到 Incorrect response。这是因为大写字母 A 和小写字母 a 的 ASCII 值是不同的。（要查看常用的 ASCII 字符，请查阅本书的附录 E。）

要构建用户友好的程序，应该使用复合条件对大写字母和小写字母都进行检查，如下面的修改后的 if 条件所示：

```
if ( cResponse == 'A' || cResponse == 'a' )
```

要构建一个完整的、能够工作的复合条件，在运算符的两边，必须各有一个单独的且有效的条件。对于入门的程序员来说，常见的错误是，在运算符的一边或两边构建了一个无效的表达式。如下的复合条件就是无效的：

```
if ( cResponse == 'A' || 'a' )
if ( cResponse == 'A' || == 'a' )
if ( cResponse || cResponse )
```

以上的复合条件中，两边的表达式都是不完整的，因此，表达式写得不正确。来看看另一个正确的复合条件，如下所示：

```
if ( cResponse == 'A' || cResponse == 'a' )
```

3.5.4　检查值的范围

检查值的范围是程序员进行输入验证的一种常见方式。可以使用复合条件和关系运算符来检查值的范围，如下面的程序所示：

```
#include <stdio.h>

int main()
{
    int iResponse = 0;
    printf("Enter a number from 1 to 10: ");
    scanf("%d", &iResponse);
```

```
    if ( iResponse < 1 || iResponse > 10 )
        printf("\nNumber not in range\n");
    else
        printf("\nThank you\n");
    return 0;
}
```

这个程序的主要结构就是这个复合的 if 条件。这个复合表达式使用|| (or) 运算符来计算两个不同的条件。如果这两个条件中的任何一个计算为 true，我们知道，用户输入了 1 到 10 之间的一个数字。

3.5.5　isdigit()函数

isdigit()函数是字符处理库<ctype.h>的一部分，是帮助你验证用户输入的很好的工具。特别是，可以使用 isdigit()函数来验证用户输入的是数字字符还是非数字字符。具体来说，如果给 isdigit()函数传入一个数字的话，它返回 true，否则，它返回 false（0）。

如下所示，函数接受一个参数：

```
isdigit(x)
```

如果参数 x 是一个数字，isdigit()函数返回一个 true 值；否则，它向调用表达式返回一个 0 或 false。

记住，在使用 isdigit()函数的时候，要在程序中包含<ctype.h>库，如下所示：

```
#include <stdio.h>
#include <ctype.h>

int main()
{
    char cResponse = '\0';

    printf("\nPlease enter a letter: ");
    scanf("%c", &cResponse);

    if ( isdigit(cResponse) == 0 )
        printf("\nThank you\n");
    else

        printf("\nYou did not enter a letter\n");
    return 0;
}
```

这个程序使用 isdigit()函数来验证用户输入了一个字母或非数字。例如，如果用户输入了一个字母 a，isdigit()返回一个 0（false）。但是，如果用户输入了数字 7，isdigit()返回一个 true 值。

上面的程序使用 isdigit()函数返回的一个 false 结果，来判断一个非数字的数据。看一下如下的程序，它以一种更加符合习惯的方式来使用 isdigit()：

```c
#include <stdio.h>
#include <ctype.h>

int main()
{
    char cResponse = '\0';

    printf("\nPlease enter a digit: ");
    scanf("%c", &cResponse);

    if isdigit(cResponse)
        printf("\nThank you\n");
    else
        printf("\nYou did not enter a digit\n");
    return 0;
}
```

注意，在前面的 if 条件中，我没有将 isdigit()函数计算为任何内容。这意味着，我不需要将表达式包含到圆括号中。

在任何的 if 条件中，只要表达式或函数返回一个 true 或 false（布尔）值，我们就可以这么做。在这个例子中，isdigit()确实返回 true 或 false，这对于 C 语言的 if 条件来说已经足够了。例如，如果用户输入一个 7，我将其传递给 isdigit()，isdigit()返回一个 ture 值，这就满足了该条件。

再看一眼前面的程序的条件部分，以确保理解了这一概念：

```c
if isdigit(cResponse)
    printf("\nThank you\n");
else
    printf("\nYou did not enter a digit\n");
```

3.6 switch 结构

switch 结构是用于计算条件的另一个常用语句块。通常，当程序员想要将用户的反馈计算为一组具体的选项的时候，就使用 switch 结构。例如，当用户从一个菜单中选取一项的时候。如下的代码段展示了如何编写 switch 结构：

```
switch (x) {
    case 1:
        //x Is 1
    case 2:
        //x Is 2
    case 3:
        //x Is 3
    case 4:
        //x Is 4
}  //end switch
```

注意，前面的 switch 结构需要使用花括号。

在这个示例中，在 switch 语句后面的每一个 case 结构中，都会计算变量 x。但是，要使用多少条 case 语句呢？这取决于你的 switch 变量包含了多少种可能性。

例如，如下的程序使用 switch 结构来计算用户通过一个菜单给出的响应：

```
#include <stdio.h>

int main()
{
    int iResponse = 0;

    printf("\n1\tSports\n");
    printf("2\tGeography\n");
    printf("3\tMusic\n");
    printf("4\tWorld Events\n");
    printf("\nPlease select a category (1-4): ");
    scanf("%d", &iResponse);

    switch (iResponse) {
        case 1:
            printf("\nYou selected sports questions\n");
        case 2:
            printf("You selected geography questions\n");
        case 3:
            printf("You selected music questions\n");
        case 4:
            printf("You selected world event questions\n");
    } //end switch
    return 0;
} //end main function
```

注意当我选择了分类 1 的时候程序的输出，如图 3.7 所示。

这个程序的输出有什么错误呢？当我选择分类 1 的时候，应该只是给出了 1 个回应，而不是 4 个。之所以产生这个 bug，是因为在正确的 case 语句匹配了 switch 变量之后，switch 结构还继续处理其后的每一条 case 语句。

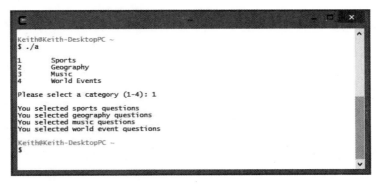

图 3.7 switch 结构示例

可以使用 break 关键字来很容易地解决这个问题，如下所示：

```
switch (iResponse) {
    case 1:
        printf("\nYou selected sports questions\n");
        break;
    case 2:
        printf("You selected geography questions\n");
        break;
    case 3:
        printf("You selected music questions\n");
        break;
    case 4:
        printf("You selected world event questions\n");
        break;
} //end switch
```

当 C 编译器遇到一个 case 语句块中的一条 break 语句的时候，它停止计算任何后续的 case 语句。

switch 结构还带有一个 default 语句块，可以使用它来捕获任何和 case 语句不匹配的输入。如下的代码块展示了 switch 结构的 default 部分：

```
switch (iResponse) {
    case 1:
        printf("\nYou selected sports questions\n");
        break;
    case 2:
        printf("You selected geography questions\n");
```

```
        break;
    case 3:
        printf("You selected music questions\n");
        break;
    case 4:
        printf("You selected world event questions\n");
        break;
    default:
        printf("Invalid category\n");
} //end switch
```

除了计算数字，在从其他的字符（例如字母）进行选取的时候，switch 结构也是很常用的。此外，可以在单个一行中使用多个 case 结构来计算相似的数据，如下所示：

```
switch (cResponse) {
    case 'a': case 'A':
        printf("\nYou selected the character a or A\n");
        break;
    case 'b': case 'B':
        printf("You selected the character b or B\n");
        break;
    case 'c': case 'C'
        printf("You selected the character c or C\n");
        break;
} //end switch
```

3.7 随机数

从加密程序到游戏，在各种系统中，我们都可以看到随机数的概念和应用。好在 C 标准库为我们提供了内建的函数来生成随机数。最为知名的就是 rand()函数了，它生成从 0 到一个库定义的数之间的一个整数，通常，这个库定义数至少是 32 767。

为了生成具体的一组随机数，假设这个数在 1 到 6 之间（例如，标准骰子的 6 个面），你需要使用 rand()函数来定义一个表达式，如下所示：

```
iRandom = (rand() % 6) + 1
```

从表达式的最右侧开始，我把取模运算符（%）和整数 6 联合起来使用，从而生成一个看似在 0 到 5 之间的随机数。

记住，rand()产生的随机数是从 0 开始的。为了弥补这个事实，我直接给输出加 1，这会将随机数的范围从 0 到 5 增加为从 1 到 6。在生成了一个随机数之后，我将其赋值给 iRandom 变量。

如下是在一个完整的 C 程序中使用 rand()函数的示例，该程序提示用户猜测从 1 到 10 之间的一个数字。

```c
#include <stdio.h>

int main()
{
    int iRandomNum = 0;
    int iResponse = 0;
    iRandomNum = (rand() % 10) + 1;

    printf("\nGuess a number between 1 and 10: ");
    scanf("%d", &iResponse);

    if (iResponse == iRandomNum)
        printf("\nYou guessed right\n");
    else {
        printf("\nSorry, you guessed wrong\n");
        printf("The correct guess was %d\n", iRandomNum);
    }
    return 0;
}
```

这个程序唯一的问题是，rand()函数重复地产生相同的随机数序列。遗憾的是，在用户运行程序几次之后，他就开始明白了，这个数字不是真正随机的。

为了修正这个问题，使用 srand()函数，它产生一个更好一些的伪随机数。更具体地说，srand()函数告诉 rand()函数，在每次执行的时候产生一个不同的随机数。

提示

为什么是伪随机数而不是真正的随机数呢？srand()函数产生的数字，并不是真正的随机数，因为它们产生自一个相对较小的初始值的集合。然而，对于大多数的用途来说，如果正确地执行的话，一个基于时间种子的 srand()函数就能够使 rand()函数所生成的数字序列具有足够的随机性。

srand()函数接受一个整数作为其生成随机数的起始值。为了让你的程序能够有一组更好的随机数，将当前的时间传递给 srand()，如下所示：

```c
srand(time(NULL));
```

time(NULL)函数以秒为单位返回当前时间，对于 srand()函数来说，这是一个很好的、不可预测的整数。

要开始随机过程，srand()只需要（并且应该也只会）在你的程序中执行一次。在上面的程序中，我也可以把 srand()函数放在变量声明之后，但是放在 rand()函数之前，如下面的代码段所示：

```
#include <stdio.h>
int main()
{
    int iRandomNum = 0;
    int iResponse = 0;
    srand(time(NULL));
    iRandomNum = (rand() % 10) + 1;
```

3.8　本章程序：Fortune Cookie

Fortune Cookie 程序（如图 3.8 所示）使用本章介绍的概念来构建一个较小的、有趣的程序，它模拟找到幸运曲奇的过程。为了编写这个程序，我使用了 switch 结构和随机数生成技术。

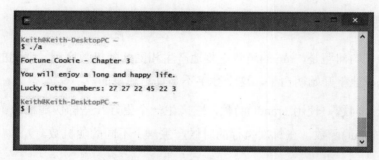

图 3.8　Fortune Cookie 程序

在学习完本章并进行一些练习之后，你应该能够很容易地理解 Fortune Cookie 程序的代码和逻辑：

```
#include <stdio.h>
#include <stdlib.h>
#include <time.h>

int main()
{
    int iRandomNum = 0;
    srand(time(NULL));
    iRandomNum = (rand() % 4) + 1;

    printf("\nFortune Cookie - Chapter 3\n");
```

```
switch (iRandomNum) {
    case 1:
        printf("\nYou will meet a new friend today.\n");
        break;
    case 2:
        printf("\nYou will enjoy a long and happy life.\n");
        break;
    case 3:
        printf("\nOpportunity knocks softly. Can you hear it?\n");
        break;
    case 4:
        printf("\nYou'll be financially rewarded for your good deeds.\n");
        break;
} //end switch

printf("\nLucky lotto numbers: ");
printf("%d ", (rand() % 49) + 1);
printf("%d ", (rand() % 49) + 1);
printf("%d ", (rand() % 49) + 1);
printf("%d ", (rand() % 49) + 1);
printf("%d ", (rand() % 49) + 1);
printf("%d\n", (rand() % 49) + 1);
return 0;
} //end main function
```

3.9 本章小结

- 当使用条件运算符来编写表达式的时候，结果为 true 或 false。

- 伪代码主要是人类能够读懂的语言和实际编程语言之间的混合体，程序员经常使用它来帮助开发算法。

- 流程图使用图形化的符号来描述算法或程序流程。

- 条件使用 if 结构来实现，它包含用圆括号括起来的一个表达式。

- 布尔代数通常使用 3 种运算符（and、or 和 not）来操作两种值（true 和 false）。

- 圆括号用来描述运算的顺序，并且使得复合条件更为清晰。

- 使用 isdigit()函数来验证用户输入的是一个数字还是非数字。

- 使用 switch 结构来计算条件，并且当需要计算具体选项的一个集合的时候，这是最常用的实现。

- rand()函数生成从 0 到库定义的数（至少是 32 767）之间的一个整数。

- srand()函数告诉 rand()函数，在每次执行的时候产生一个不同的随机数。

- time(NULL)函数以秒为单位返回当前时间，对于 srand()函数来说，这是一个很好的伪随机整数。

3.10　编程挑战

1．编写一个猜数字程序，使用输入验证（isdigit()函数）来验证用户输入了一个数字而不是一个非数字（字母）。每次程序运行的时候，将 1 到 10 之间的一个随机数存储到一个变量中。提示用户猜一个 1 到 10 之间的数字，无论用户猜得正确与否，都给他一个提示。

2．编写一个 Fortune Cookie 程序，根据用户的输入，使用中国的黄道图或占卜符号来生成一个运程、预言或命数。更具体地说，用户需要根据所使用的黄道或占卜技术来输入自己的出生年份、月份和日期。有了这些信息，生成一条定制消息或运程。可以使用互联网查找关于中国黄道和占卜符号的更多信息。

3．编写一个骰子程序，它使用两个 6 面的骰子。每次程序运行的时候，使用随机数来把值赋给每个骰子变量。如果两个骰子的加和是 7 或 11，就输出一条"player wins"消息。否则，输出两个骰子的加和并感谢用户的参与。

第 4 章
循环结构

本章介绍在 C 程序中编写循环的关键性的编程结构和技术。迭代（iteration）是指执行一部分的程序代码，而循环迭代（iterating）意味着一次又一次地重复这段代码，直到满足一个特定的条件。循环（loop）实际上就是要重复执行的程序指令序列。

本章介绍循环结构如何使用条件来计算一个循环应该执行的次数。此外，我们还将使用伪代码和流程图等技术，来学习循环算法背后的基本理论和设计原理。我们还将学习赋值数据和操作循环的新技术。

本章包括以下内容：

- 循环的伪代码；

- 循环的流程图；

- 其他运算符；

- while 循环；

- do while 循环；

- for 循环；

- break 和 continue 语句；

- 系统调用；

- 本章程序：Concentration。

4.1　循环的伪代码

在开始讨论循环的应用之前，我们先使用伪代码这种基本的算法技术来介绍循环背后的

69

一些简单理论。

第 3 章介绍过，程序员使用一种叫作伪代码的方法，组合了人类能够理解的语言和编程语法，来表示算法和关键构造。正如本小节所介绍的，我们也可以使用伪代码来表示循环结构的算法。

有几种情况需要使用循环技术。下面是一些例子：

- 显示一个银行菜单；

- 玩一个游戏，直到玩家获胜、失败或退出；

- 处理员工工资数据，直到处理完所有员工的记录；

- 计算一笔贷款的分期还款计划；

- 只要玩家的生命值较低，就喝能够增加生命值的药水；

- 保持自动驾驶状态，直到机组人员关闭该状态。

为了使用伪代码来展示循环结构，我以处理员工工资数据作为例子：

```
while end-of-file == false
    process employee payroll
loop
```

在这段伪代码中，首先使用一个条件来计算是否读到了文件的末尾。如果这个条件为 false（还没有到达文件的末尾），就处理员工的工资数据。换句话说，我会一直处理工资数据，直到文件结束为 true。

乍一看，这个循环的条件并不是很明显，但是，它和我们在第 3 章中学习的条件是类似的。前面的示例中的条件，包含了结果只能为两个值（true 或 false）之一的一个表达式：

```
end-of-file == false
```

注意到了吗，在条件和循环之间有一个递归的内容？这个内容很简单，它完全就是和条件相关的！循环结构和条件，例如 if 条件和 switch 结构，都使用条件表达式来评估某些事情是否发生。

现在，我们来看看如下的伪代码，它遍历一个假想的工资单文件，以确定每个员工的薪酬类型（月薪还是按小时支付）：

```
while end-of-file == false
    if pay-type == salary then
        pay = salary
```

```
    else
        pay = hours * rate
    end If
loop
```

有的时候，你想要让循环条件放在末尾而不是开头。为了说明这一点，我们可以修改循环的条件的位置以确保菜单至少向最终用户显示一次，如下面的伪代码所示：

```
do
    display menu
while user-selection != quit
```

通过将条件移动到循环的末尾，我们就保证了用户至少有一次机会能够看到菜单。

循环还可以包含所有的、各种编程语句和结构，包括嵌套的条件和循环。嵌套的循环为算法分析提供了一个有趣的研究对象，因为它们的处理时间很集中。

如下的伪代码展示了嵌套的循环的概念：

```
do
    display menu
    If user-selection == payroll then
        while end-of-file == false
            if pay-type == salary then
                pay = salary
            else
                pay = hours * rate
            end if
        loop
    end If
while user-selection != quit
```

在上面的伪代码中，我首先显示了一个菜单。如果用户选择处理工资，我进入另一个（或内部）循环，该循环会处理工资直到到达文件的末尾。一旦达到了文件的末尾，就计算外围的循环的条件，以判断用户是否想要退出。如果用户退出了，程序控制将会结束；否则，菜单会再次显示。

4.2 循环的流程图

使用第 3 章介绍的流程图符号，我们可以绘制循环的流程图。

为了用流程图来表示循环，我使用了上一小节中的伪代码。具体来说，我使用流程图和如下的伪代码，构建了一个简单的循环结构。最终的流程图如图 4.1 所示。

```
while end-of-file == false
    process employee payroll
loop
```

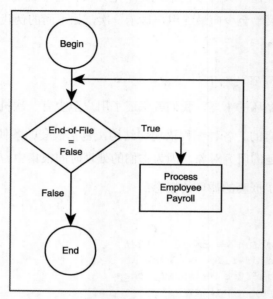

图 4.1   一个简单的循环结构的流程图的示例

在图 4.1 中，我使用菱形符号来表示一个循环。你可能会问，在流程图中，如何区别表示条件的菱形符号和表示循环的菱形符号？图 4.1 给出了答案。你可以通过查看程序流程来区分流程图中的条件和循环。如果看到连接的线条又绕回到了一个条件（菱形符号）的开始处，那么，你就知道这个条件表示的是一个循环。在这个示例中，程序流程是以闭环的模式移动的。如果条件为 true，就会处理员工的工资，并且程序控制将移动回到最初的条件的开始处。只有条件为 false 的时候，程序流程才会终止。

来看下面这一组伪代码，它实现了图 4.2 所示的流程图。

```
while end-of-file == false
    if pay-type == salary then
        pay = salary
    else
        pay = hours * rate
    end If
loop
```

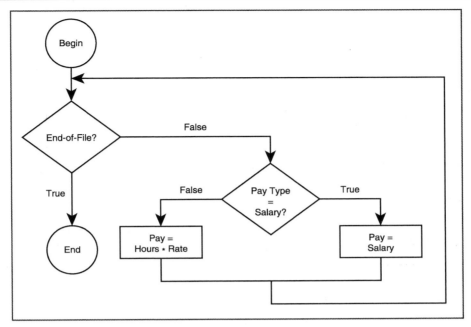

图 4.2　带有内部条件的一个循环的流程图的示例

在图 4.2 中，我们看到第 1 个菱形确实是一个循环条件，因为程序流程回到了其开始处。然而，在该循环内部还有另外一个菱形，而这个菱形不是一个循环（内部的菱形并没有包含回到其起点的程序控制流程）。相反，不管内部的菱形的结果是什么，程序流程都会移动回循环条件。

再来看看之前将条件放到循环末尾的伪代码示例（其流程图如图 4.3 所示）。

```
do
    display menu
while user-selection != quit
```

还记得吧，程序流程是关键。由于图 4.3 中循环的条件位于循环的末尾，流程图的第 1 个过程是显示菜单。在显示了菜单之后，遇到循环的条件并进行计算。如果循环的条件为 true，程序流程回到其第一个过程；如果条件为 false，程序流程结束。

使用流程图来表示循环算法的最后一个部分，是展示嵌

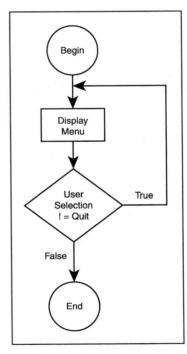

图 4.3　将循环条件移动到循环的末尾

套的循环。再来看看上一个小节中的嵌套循环的伪代码：

```
do
    display menu
    If user-selection == payroll then
        while end-of-file != true
            if pay-type == salary then
                pay = salary
            else
                pay = hours * rate
            end if
        loop
    end If
while user-selection != quit
```

图 4.4 用流程图表示出了上面的循环算法。

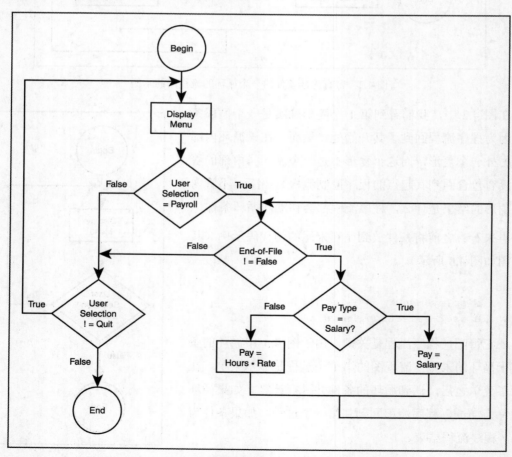

图 4.4 使用流程图表示嵌套的循环

尽管图 4.4 比前面的流程图示例更难理解，但是，通过查找循环回到其条件的那些菱形，你应该还是能够识别出外围和内部（嵌套的）循环的。图 4.4 中有 4 个菱形，你能够找出表示循环的那两个菱形吗？同样，要判断哪个菱形符号表示循环，直接找出程序控制返回到菱形顶部的每一个菱形。

```
while end-of-file != false
while user-selection != quit
```

4.3   其他运算符

我们已经学习了如何使用赋值运算符（等号）将数据赋值给一个变量。在本节中，我们将介绍基于数字的变量的自增和自减运算符，并且还将介绍把数据赋值给变量的新的运算符。

提示

自增一个变量是将其值增加；自减一个变量是将其值减少 1。

表 4.1 列出了接下来的 4 个小节将要介绍的运算符。

表 4.1   运算符

运算符	名称	语法	含义
++	自增（后缀）	x++	在计算了表达式之后，将变量的值增加 1
	自增（前缀）	++x	在计算表达式之前，将变量的值增加 1
− −	自减（后缀）	x− −	在计算了表达式之后，将变量的值减去 1
	自减（前缀）	− −x	在计算表达式之前，将变量的值减去 1
+=	加法赋值	x+=y	x 等于 x+y
− =	减法赋值	x− =y	x 等于 x-y

如果你感到其含义有点令人混淆的话，也不用担心。在一个表达式计算之前或之后自增或自减一个变量，在看到实际应用之前，这种思路确实显得有点奇怪。一旦你遇到每个运算符的示例代码了，这个过程就会清晰。

4.3.1   ++运算符

++运算符对于将基于数值的变量增加 1 来说很有用。要使用++运算符，将其放在一个变量的后面，如下所示：

```
iNumberOfPlayers++;
```

为了进一步说明，先来看看如下的代码，它使用++运算符来产生如图 4.5 所示的输出：

```c
#include <stdio.h>

int main()
{
    int x = 0;

    printf("\nThe value of x is %d\n", x);
    x++;
    printf("\nThe value of x is %d\n", x);
    return 0;
}
```

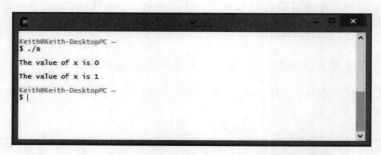

图 4.5　使用++运算符将基于数值的变量增加 1

可以以两种方式来使用自增运算符（++）。正如前面所介绍的，可以以后缀的方式来使用自增运算符，如下所示：

```
x++;
```

这个表达式告诉 C 编译器，使用变量 x 的当前值并且将其增加 1。变量最初的值为 0（这是我将其初始化的值），然后增加 1，变量的值最终为 1。

使用自增运算符的另一种方法是将其用做变量的前缀（放在变量之前），如下所示：

```
++x;
```

改变自增运算符相对于变量的位置（前缀和后缀），会在计算的时候产生不同的结果。当把自增运算符放到一个变量的左边的时候，它先将变量增加 1，然后再在另一个表达式中使用该变量。为了对运算符的位置有更清晰的认识，先来看如下的代码，它产生如图 4.6 所示的输出。

```c
#include <stdio.h>
```

```
int main()
{
    int x = 0;
    int y = 0;

    printf("\nThe value of y is %d\n", y++);
    printf("\nThe value of x is %d\n", ++x);
    return 0;
}
```

图 4.6   在顺序表达式中前缀和后缀自增运算符的位置的示例

在第 1 个 printf()函数中，打印出该变量的值，然后将其增加 1。在第 2 个 printf()函数中，先将变量的值增加 1，然后再将其打印出来。

这还是有点令人混淆，因此我们来看看下面的程序，它进一步展示了自增运算符的位置：

```
#include <stdio.h>

int main()
{
    int x = 0;
    int y = 1;

    x = y++ * 2; //increments x after the assignment
    printf("\nThe value of x is: %d\n", x);

    x = 0;
    y = 1;
    x = ++y * 2; //increments x before the assignment
    printf("The value of x is: %d\n", x);
    return 0;
} //end main function
```

以上程序的输出如下所示：

```
The value of x is: 2
The value of x is: 4
```

大多数的 C 编译器（即便不是全部的话）会按照你期望的方式运行上面的代码，因为它们要符合 ANSI C 标准，但如下的语句可能会在 3 个不同的编译器中得到 3 种不同的结果：

```
anyFunction(++x, x,  x++);
```

（使用了一个前缀自增的）参数++x，并不保证能够在处理其他参数（x 和 x++）之前完成计算。换句话说，不能保证每个 C 编译器都按照相同的方式来处理顺序表达式（用逗号隔开的一个表达式）。

看一下在一个顺序表达式之外（独立于 C 编译器）使用后缀和前缀自增运算符的另外一个例子，其输出如图 4.7 所示。

```
#include <stdio.h>

int main()
{
    int x = 0;
    int y  = 0;
    x = y++ *  4;
    printf("\nThe value of x is  %d\n", x);

    y = 0; //reset variable value for demonstration purposes
    x = ++y * 4;
    printf("\nThe value of x is now %d\n", x);
    return 0;
}
```

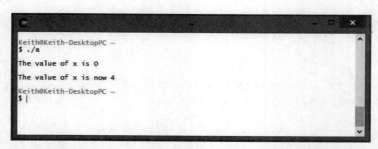

图 4.7　在一个顺序表达式（独立于 C 编译器）之外使用前缀和后缀自增运算符的例子

4.3.2　--运算符

--运算符和自增运算符（++）类似，但是自增运算符会将变量增加 1，而自减运算符将变量减少 1。此外，和自增运算符一样，自减运算符也可以放置在变量的两侧（前缀或后缀），如下所示：

```
x--;
--x;
```

下面的代码按照两种方式来使用自减运算符，以展示如何将基于数字的变量减去 1。

```c
#include <stdio.h>

int main()
{
    int x = 1;
    int y = 1;

    x = y-- * 4;
    printf("\nThe value of x is %d\n", x);

    y = 1; //reset variable value for demonstration purposes
    x = --y * 4;
    printf("\nThe value of x is now %d\n", x);
    return 0;
}
```

打印语句展示了不同位置的自减运算符的结果，如图 4.8 所示。

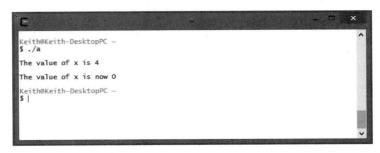

图 4.8 前缀和后缀格式的自减运算符的示例

4.3.3 +=运算符

在本小节中，我们将学习一种复合运算符（+=），它把另一个变量的值和第 1 个变量的值相加，并且将结果存储到第 1 个变量中。

在进一步介绍之前，我们先来看看将一个变量的值赋值给另一个变量的表达式：

```
x = y;
```

上面的赋值使用一个单个的等号，就将变量 y 中的数据赋值给了变量 x。在这个例子中，x 并不等于 y，相反 x 获取了 y 的值。

+=运算符也是一个赋值运算符。C 语言提供了这种友好的赋值运算符，以一种新的方式增加一个变量，以便能够将一个变量赋值为其当前值加上一个新的值。

为了展示其用法，我们看看如下的代码行，它试图计算一个总和，而不使用新的+=运算符：

```
iRunningTotal = iRunningTotal + iNewTotal;
```

现在，代入一些数字以确保你能够理解这段代码的含义。例如，假设变量 iRunningTotal 包含数字 100，并且 iNewTotal 变量包含数字 50。使用上面的语句，在执行该语句之后，iRunningTotal 中的值是多少？

如果你说是 150，那么你答对了。

新的自增赋值运算符（+=）提供了一种快捷方式来解决相同的问题。来看另一个相同的表达式，这一次使用+=运算符：

```
iRunningTotal += iNewTotal;
```

这个运算符允许你在将一个变量的内容赋值给另一个变量的时候，省略掉不必要的代码。

注意，在使用赋值运算符的时候，考虑运算的顺序是很重要的。像加法和乘法这样的常规运算，比自增运算符的优先级要高，如下面的程序所示：

```
#include <stdio.h>

int main()
{
    int x = 1;
    int y = 2;

    x = y * x + 1; //arithmetic operations performed before assignment
    printf("\nThe value of x is: %d\n", x);

    x = 1; y = 2;
    x += y * x + 1; //arithmetic operations performed before assignment
    printf("The value of x is: %d\n", x);
    return 0;
} //end main function
```

上面的程序用来展示运算的优先级，它会显示如下的输出：

```
The value of x is: 3
The value of x is: 4
```

尽管这种赋值运算符乍看上去有点难以理解，我确信你最终会发现它很有用并且能节省时间。

4.3.4　-=运算符

-=运算符的工作方式和+=运算符相同，但是，它不是把一个变量的内容加上另一个变量的内容，而从最初的变量中是减去表达式最右边的变量的内容。为了说明这一点，我们看看如下的语句，它并没有使用-=运算符：

```
iRunningTotal = iRunningTotal - iNewTotal;
```

从这条语句可以看到，iRunningTotal 变量从其当前值中减去了 iNewTotal 变量。我们可以使用-=运算符来将这个表达式缩短，如下所示：

```
iRunningTotal -= iNewTotal;
```

为了进一步展示-=赋值运算符，我们看看如下的程序：

```
#include <stdio.h>

int main()
{
    int x = 1;
    int y = 2;

    x = y * x + 1; //arithmetic operations performed before assignment
    printf("\nThe value of x is: %d\n", x);

    x = 1;
    y = 2;
    x -= y * x + 1; //arithmetic operations performed before assignment
    printf("The value of x is: %d\n", x);
    return 0;
} //end main function
```

上面的程序使用了-=赋值运算符，所产生的输出如下所示：

```
The value of x is: 3
The value of x is: -2
```

4.4　while 循环

和本章所介绍的所有循环一样，while 循环结构用于在程序中创建循环，如下面的程序所示：

```
#include <stdio.h>
```

```
int main()
{
    int x = 0;

    while ( x < 10 ) {
    printf("The value of x is %d\n", x);
    x++;
    } //end while loop
    return 0;
} //end main function
```

概括起来看，while 语句如下所示：

```
while ( x < 10 ) {
```

while 循环使用一个条件（在这个例子中就是 x < 10），它计算为 true 或 false。只要这个条件为 true，就会执行循环的内容。说到循环的内容，对于带有多条语句的循环，必须使用花括号来表示循环的开始和结束。

提示

对于任何循环来说，只有循环体中包含 1 条以上的语句的时候，才必须使用花括号。如果 while 循环只包含 1 条语句，则不需要使用花括号。为了说明这一点，来看看下面的 while 循环，它就不需要使用花括号：

```
while ( x < 10 )
    printf("The value of x is %d\n", x++);
```

在前面的程序中，我使用自增运算符（++）将变量 x 增加 1。了解了这一点，你认为 printf() 函数将会执行多少次？为了搞清楚这一点，看看图 4.9 所示的程序输出。

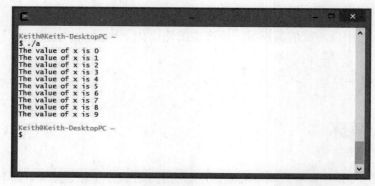

图 4.9　while 循环和自增运算符（++）示例

自增运算符（++）对这个循环来说很重要。没有它的话，将会导致一个死循环。换句话说，表达式 x < 10 将不会计算为 false，由此导致了一个无限循环。

无限循环

无限循环是不会终止的循环（也叫做死循环）。当一个循环没有遇到终止条件，或者当一个循环设置为重新启动自己的时候，就会遇到死循环。

技巧

每个程序员至少会在自己的职业生涯中遇到一次死循环。要退出死循环，按下 Ctrl+C 组合键，这会在程序中产生一个断点。如果这种方法无效，你需要终止任务。

在基于 Windows 的系统中，要终止任务，按下 Ctrl+Alt+Delete 组合键，这会打开任务窗口或者至少允许你选择任务管理器。从任务管理器中，选择包含了死循环的程序，并且选择结束任务。

循环使得一个程序重复做某些事情。考虑一下 ATM 的菜单。当你完成一项交易的时候，菜单总是会出现。你认为这是如何做到的呢？现在你可能已经猜到了，编写 ATM 软件的程序员使用了某种形式的循环。

如下的程序代码展示了在编写菜单的时候用到的 while 循环。

```c
#include <stdio.h>

int main()
{
    int iSelection = 0;

    while ( iSelection != 4 ) {
        printf("1\tDeposit funds\n");
        printf("2\tWithdraw funds\n");
        printf("3\tPrint  Balance\n");
        printf("4\tQuit\n");
        printf("Enter your   selection (1-4): ");
        scanf("%d", &iSelection);
    } //end while loop

    printf("\nThank you\n");
    return 0;
} //end main function
```

上面的程序中的 while 循环使用了一个条件，只要用户没有选择数字 4，它就会一直循环。只要用户选择一个有效的选项且不是 4，就会重复地显示菜单。然而，如果用户选择了数字 4，循环将会退出，并且将会执行跟在循环的结束花括号之后的下一条语句。

以上程序的示例输出如图 4.10 所示。

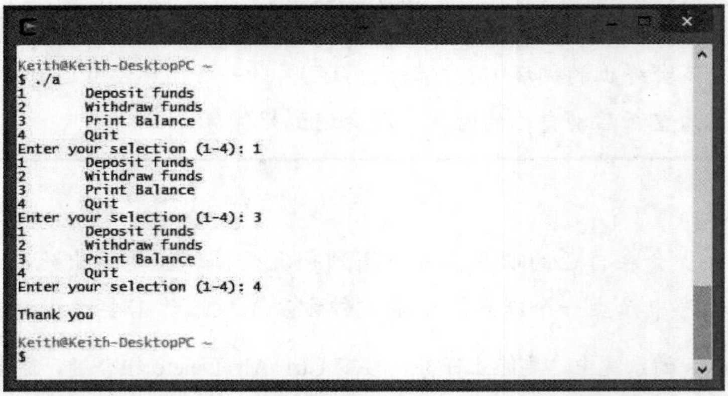

图 4.10　用 while 循环编写一个菜单

4.5　do while 循环

和 while 循环类似，在程序中，我们也可以使用 do while 编写循环。然而，do while 循环和 while 循环有一个显著的区别。do while 循环的条件位于循环的末尾而不是开头。为了说明这一点，我们来看看另一个 while 循环，如下所示：

```
while ( x < 10 ) {
    printf("The value of x is %d\n", x);
    x++;
} //end while loop
```

条件位于 while 循环的开始处。而 do while 循环的条件位于循环的末尾，如下所示：

```
do {
    printf("The value of x is %d\n", x);
    x++;
} while ( x < 10 ); //end do while loop
```

陷阱

在 do while 循环的最后一条语句中，结束花括号放在 while 语句的前面，且 while 语句必须以分号结束。

如果漏掉了分号或者结束花括号，或者直接改变了语法的顺序，都会导致一个编译器错误。

看一下上面的 do while 循环，你是否能够猜出循环将要执行多少次，以及其输出是什么样的？如果你猜到是 10 次，那么你猜对了。

为什么使用 do while 循环而不是 while 循环呢？这是一个很好的问题，但是，只有将要解决的问题的类型联系起来，才能够回答这个问题。然而，通过研究下一个程序，我将向你展示选择这些循环中的每一种类型的重要性。

```c
#include <stdio.h>

int main()
{
    int x = 10;

  do {
        printf("This printf statement is executed at least once\n");
        x++;
    } while ( x < 10 ); //end do while loop

    while ( x < 10 ) {
        printf("This printf statement is never executed\n");
        x++;
    } //end while loop
    return 0;
} //end main function
```

使用 do while 循环使得我能够至少将循环中的语句执行一次，即便在计算循环的条件的时候得到 false，也是如此。然而，在 while 循环中，由于循环的条件在开始处，当它计算为 false 的时候，while 循环是根本不会执行的。

4.6 for 循环

在任何编程语言中，for 循环都是一种重要的循环技术。尽管 for 循环在语法形式上和 while 和 do while 有很大不同，但是，当已经知道了要循环的次数的时候，for 循环更为常用。下面的程序展示了一个简单的 for 循环：

```c
#include <stdio.h>

int main()
{
    int x;
```

```
    for ( x = 10; x > 5; x-- )
        printf("The value of x is %d\n", x);
    return 0;
} //end main function
```

实际上，for 循环语句比看上去要忙碌。一条 for 循环语句包含 3 个单独的表达式：

- 变量初始化；

- 条件表达式；

- 自增/自减表达式。

以上面的代码为例，第 1 个表达式是变量初始化，它将变量初始化为 10。我没有在变量声明语句中初始化它，因为这将会是一种重复而浪费力气的工作。下一个表达式是一个条件（x > 5），用来判断是否应该停止 for 循环。for 循环中的最后一个表达式（x--）将变量 x 的值减去 1。

知道了这些，你认为这个 for 循环将会执行多少次？如果你说是 5 次，那么答对了。

图 4.11 展示了上面的 for 循环的执行结果。

图 4.11　for 循环

当还不知道循环应该执行多少次的时候，也可以使用 for 循环。如果之前不知道循环次数而又要编写一个 for 循环，例如，使用用户输入的一个变量来充当计数器，这也是可以的。我们来看一个测验程序，它允许用户来决定想要回答多少个问题：

```
#include <stdio.h>
#include <time.h>
#include <stdlib.h>

int main()
{
    int x, iNumQuestions, iResponse, iRndNum1, iRndNum2;
```

```
    srand(time(NULL));

    printf("\nEnter number of questions to ask: ");
    scanf("%d", &iNumQuestions);

    for ( x = 0; x < iNumQuestions; x++ ) {
        iRndNum1 = rand() % 10 + 1;
        iRndNum2 = rand() % 10 + 1;
        printf("\nWhat is %d x %d: ", iRndNum1, iRndNum2);
        scanf("%d", &iResponse);
        if ( iResponse == iRndNum1 * iRndNum2 )
            printf("\nCorrect!\n");
        else
            printf("\nThe correct answer was %d \n", iRndNum1 * iRndNum2);
    } //end for loop
    return 0;
} //end main function
```

在程序代码中，我首先询问用户想要回答多少个问题。但实际上，我是在问 for 循环应该执行多少次。在 for 循环中，我使用了用户给出的答题的次数。使用用户输入的变量，我就可以动态地告诉程序需要循环多少次。

图 4.12 展示了这个程序的示例输出。

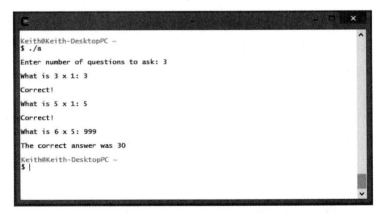

图 4.12　通过用户输入来确定循环的次数

4.7　break 和 continue 语句

break 和 continue 语句负责在循环这样的结构中控制程序流程。第 3 章介绍过如何将 break

语句和 switch 语句结合起来使用。

　　当在循环中执行一条 break 语句的时候，循环就会终止，程序控制返回到循环结束之后的下一条语句。下面的程序展示了 break 语句的用法。

```
#include <stdio.h>

int main()
{
    int x;

    for ( x = 10; x > 5; x-- ) {
    if ( x == 7  )
        break;
} //end for loop

    printf("\n%d\n", x);
    return 0;
}
```

　　在这个程序中，在第 3 次循环的时候，条件（x == 7）变为 true。接下来，执行了 break 语句，程序控制被送出了 for 循环之外，并且从 printf 语句开始继续。

　　在循环中，也可以使用 continue 语句来控制程序流程。然而，当执行 continue 语句的时候，循环之中剩下的任何语句都将会被跳过，而开始找到循环的下一次迭代。

　　下面的程序展示了 continue 语句的用法：

```
#include <stdio.h>

int main()
{
    int x;

    for ( x = 10; x > 5; x-- ) {
        if ( x == 7 )
            continue;
        printf("\n%d\n", x);
    } //end for loop
    return 0;
}
```

　　注意，数字 7 没有出现在图 4.13 所示的输出中。之所以发生这种情况，是因为当条件 x == 7 为 true 的时候，会执行 continue 语句，因此，跳过了 printf()函数并且程序流程从 for 循环的下一次迭代开始继续。

图 4.13 使用 continue 语句来改变程序流程

4.8 系统调用

很多编程语言至少提供了一个工具函数，用来访问操作系统命令。C 语言就提供了这样的一个函数，名为 system。可以使用 system 函数，在 C 程序代码中调用所有类型的 UNIX 或 DOS 命令。例如，可以调用并执行如下所示的任何 UNIX 命令：

- ls;
- man;
- ps;
- pwd。

要查看这些命令和其他 UNIX 命令的说明，请查阅本书的附录 A。

但是，为什么要在 C 程序中调用并执行系统命令呢？举个例子，像使用 C 这样的基于文本的编程语言的程序员，经常面临一种两难境地，即如何清除计算机屏幕。一个解决方案如下所示：

```c
#include <stdio.h>

int main()
{
    int x;

    for ( x = 0; x < 25; x++ )
        printf("\n");
    return 0;
} //end main function
```

这个程序使用一个简单的 for 循环来重复打印一个换行字符。这最终就清理了计算机的屏幕，但是，你必须根据每台计算机的设置来修改它。

一个更好的解决方案是使用 system()函数来调用 UNIX 的 clear 命令[①]，如下所示：

```
#include <stdio.h>

int main()
{
    system("clear");
    return 0;
} //end main function
```

陷阱

如果你得到一条错误消息，说没有找到 clear 命令，那么，回到 Cygwin 安装过程并且安装 ncurses 包，它位于 Utils 分类下。ncurses 包包含了 clear.exe 以及其他的终端显示工具。

使用 UNIX clear 命令，为用户提供了一种较为流畅的体验，也使得程序员的意图更容易识别。

尝试在自己的程序中用 system 函数调用各种 UNIX 命令。我肯定你会发现 system 函数至少会在你的某一个程序中很有用。

4.9　本章程序：Concentration

Concentration 游戏使用了本章中介绍的很多技术。这款游戏生成了随机数，并且将其显示一个短暂的时间以便用户能够记住这个数字，如图 4.14 所示。当显示随机数的时候，玩家应该尝试记住数字及其顺序。几秒钟之后，清除屏幕，并且要求用户按照正确的顺序输入所记住的数字。

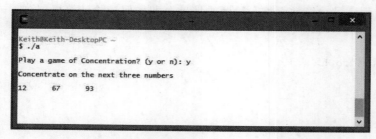

图 4.14　使用本章介绍的概念来编写 Concentration 程序

---

① 译者注：在本书的程序中，会多次用到 system.("clear")这条语句。但是，如果你使用基于 Microsoft 的编程环境，需要将该语句修改为 system("cls")。

Concentration 游戏的完整代码如下所示：

```c
#include <stdio.h>
#include <stdlib.h>
#include <time.h>

int main()
{
    char cYesNo = '\0';
    int iResp1 = 0;
    int iResp2 = 0;
    int iResp3 = 0;
    int iElaspedTime = 0;
    int iCurrentTime = 0;
    int iRandomNum = 0;
    int i1 = 0;
    int i2 = 0;
    int i3 = 0;
    int iCounter = 0;
    srand(time(NULL));

    printf("\nPlay a game of Concentration? (y or n): ");
    scanf("%c", &cYesNo);

    if (cYesNo == 'y' || cYesNo == 'Y') {
        i1 = rand() % 100;
        i2 = rand() % 100;
        i3 = rand() % 100;
        printf("\nConcentrate on the next three numbers\n");
        printf("\n%d\t%d\t%d\n", i1, i2, i3);
        iCurrentTime = time(NULL);
        do {
            iElaspedTime = time(NULL);
    } while ( (iElaspedTime - iCurrentTime) < 3 ); //end do while loop
        system ("clear");
      printf("\nEnter each # separated with one space: ");
      scanf("%d%d%d", &iResp1, &iResp2, &iResp3);
      if ( i1 == iResp1 && i2 == iResp2 && i3 == iResp3 )
      printf("\nCongratulations!\n");
      else
            printf("\nSorry, correct numbers were %d %d %d\n", i1, i2, i3);
    } //end if
    return 0;
} //end main function
```

自己尝试一下这个游戏，我肯定你和你的朋友会喜欢它。有关扩展这款 Concentration 游戏的更多思路，请参见本章末尾的"编程挑战"部分。

4.10 本章小结

- 循环结构使用条件表达式（条件）来计算某些事情发生了多少次。

- 可以通过查看程序流程来区分流程图中的条件和循环。具体来说，如果看到连接线绕回到了条件（菱形符号）的开始处，那么，我们就知道这个条件表示一个循环。

- ++运算符对于将基于数字的变量增加 1 很有用。

- −−运算符对于将基于数字的变量减去 1 很有用。

- 自增和自减运算符可以放在一个变量的两边（前缀和后缀），并由此产生不同的结果。

- +=运算符将一个变量的内容加上另一个变量。

- −=运算符将一个变量的内容减去另一个变量。

- 只有在循环体拥有多条语句的时候，在循环的开始处和结尾处的花括号才是必需的。

- 当循环的退出条件无法满足的时候，就会造成一个死循环。

- do while 循环的条件位于循环的末尾而不是开始处。

- 当要循环的次数已经知道或者在执行循环之前就能够知道的时候，经常用 for 循环来编写循环。

- 在执行 break 语句的时候，它会终止一个循环的执行，并且将程序控制返回到循环之后的下一条语句。

- 当执行 continue 语句的时候，会跳过循环中任何剩下的语句，并且继续开始循环的下一次迭代。

- system()函数可以用来调用诸如 UNIX 的 clear 命令这样的操作系统命令。

4.11 编程挑战

1. 编写一个计数程序，从 1 数到 100，每次增加 5。

2. 编写一个计数程序，从 100 倒数到 1，每次减少 10。

3．编写一个计数程序，它提示用户给出 3 个输入（如下所示），以确定如何计数。将用户的输入保存到变量中。使用所获取的数据和一个 for 循环来编写计数程序，并且将结果显示给用户。

- 从哪个数字开始计数；

- 在哪个数字停止计数；

- 每次增加的数字。

4．编写一个数学测验程序，它提示用户输入要回答多少个问题。如果用户回答正确的话，程序应该祝贺用户；如果用户回答不正确，向用户提示正确的答案。这个数学测验程序还应该记录用户已经答对和答错了多少道题，并且在测验结束后显示这些最终结果。

5．修改 Concentration 游戏以使用一个主菜单。这个菜单应该允许用户选择一个难度级别或退出游戏（一个示例菜单如下）。难度级别可以通过用户必须记住多少个单独的数字或者用户必须在几秒内记住数字的顺序来确定。每当用户完成一次 Concentration 游戏，就显示这个菜单，以允许用户继续停留在相同的难度级别，或是以一个新的难度级别继续游戏，或者直接退出游戏。

```
1. Easy (remember 3 numbers displayed for 5 seconds)
2. Intermediate (remember 5 numbers displayed for 5 seconds)
3. Difficult (remember 5 numbers displayed for 2 seconds)
4. Quit
```

第 5 章
结构化程序设计

在结构化程序设计的概念步入计算机程序设计的历史后，程序员可以将问题分解为较小的且容易理解的部分，最终再将其组合为一个完整的系统。在本章中，我们将介绍如何使用结构化程序设计的概念（如自顶向下的设计）和编程技术（如编写自己的函数），在程序中编写高效且可复用的代码。

本章包括以下内容：

- 结构化程序设计简介；

- 函数原型；

- 函数定义；

- 函数调用；

- 变量作用域；

- 本章程序：Trivia。

5.1 结构化程序设计简介

结构化程序设计使得程序员能够将复杂的系统分解为便于管理的部分。在 C 语言中，这些部分称为函数（function），这也是本章的核心主题。在本节中，我们将介绍常用的结构化程序设计技术和概念的一些背景知识。在学习完本小节之后，你就可以准备好编写自己的 C 函数了。

结构化程序设计包含很多的概念，范围从理论化的思路到实际的应用程序。这些概念中的很多都是相当直观的，而另一些则需要花一些时间才能理解和掌握。

和本书最为相关的结构化程序设计概念是：

- 自顶向下的设计；

- 代码的可复用性；

- 信息隐藏。

5.1.1   自顶向下的设计

和诸如 C 语言这样的过程式语言一样，自顶向下的设计使得分析师和程序员能够定义和系统的具体任务相关的详细语句。自顶向下的设计专家认为，人类在处理多任务的能力方面有限。那些擅长多任务并乐在其中的人，通常并非程序员。程序员倾向于面向细节，并且一次解决一个问题。

为了说明自顶向下的设计，我使用一个 ATM（Automated Teller Machine，自动柜员机）作为例子。假设你的老板不懂技术，可是他让你编写一个软件以实现网络游戏中的虚拟银行。你可能会问，这么庞大和复杂的任务该如何下手呢？

自顶向下的设计可以帮助你从黑暗而危机四伏的系统设计的"森林"中找到一条出路。如下的步骤展示了自顶向下的设计过程，如图 5.1 所示：

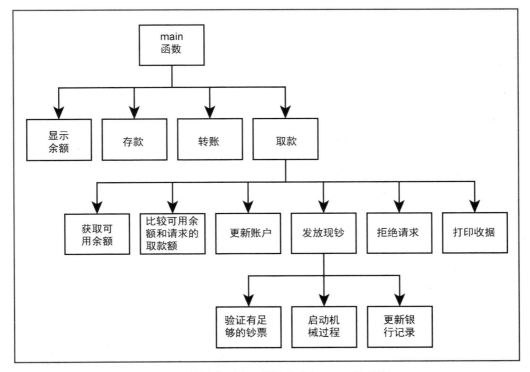

图 5.1   使用自顶向下设计来分解 ATM 机系统

1．从最顶部开始，将问题分解为较小的、可以解决的部分。在 C 语言中，最顶部的部分就是 main()函数，其他的部分都是在该函数中调用的。

2．识别出所有主要的部分。以 ATM 为例，假设有 4 个主要的部分：

- 显示余额；
- 存款；
- 转账；
- 取款。

3．既然已经区分出了主要的系统部分，可以将相关的工作可视化。一次分解一个主要部分，将其变得更加便于管理且减少复杂性。

4．"取款"部分可以分解为更小的部分，例如：

- 获取可用余额；
- 比较可用余额和请求的取款额；
- 更新顾客的账户；
- 发放批准的取款；
- 拒绝请求；
- 打印收据。

5．继续分解，并且把"发放批准的取款"部分分解的更加细致：

- 验证 ATM 机有足够的钞票；
- 启动（虚拟的）机械过程；
- 更新银行记录。

通过将 ATM 系统分解为可管理的部分，对于未来的编程任务，我就不再那么焦虑不安了。我甚至可以开始对这些较小的、可管理的部分编写代码了。

我希望你能够明白，和考虑构建整个 ATM 系统这样一个庞大的多任务相比，考虑实现验证 ATM 有足够的现钞这样一个单个的组件，要容易得多得多。此外，当一个复杂的任务分解为各个独立的部分，多个程序员可以从事同一个系统的开发工作，而不需要了解每个程序员的任务的相关细节。

在你的编程生涯中，肯定会遇到类似的复杂的思路，需要用编程语言来实现它。如果使用正确，自顶向下的设计方法就是一种有用的工具，可以让你的问题变得易于理解和实现。

5.1.2　代码可复用性

在应用程序开发的世界里，代码的可复用性在 C 语言中是通过函数来实现的。具体来说，程序员编写的用户定义的函数，通常是需要重复用来解决问题的解决方案。为了说明这一点，考虑一下前面的 ATM 示例中的如下的任务和子任务的列表：

- 获取可用余额；
- 比较可用余额和请求的取款额；
- 更新顾客的账户；
- 发放批准的取款；
- 拒绝请求；
- 打印收据。

考虑 ATM 系统，你认为对于任何一个顾客或交易，"更新顾客的账户"的任务将会发生多少次呢？根据 ATM 系统，"更新顾客的账户"组件可能会调用多次。一个顾客可以在一台 ATM 上执行很多的交易。如下的列表列出了一位顾客在某一次使用 ATM 的时候可能进行的交易：

- 向登录的账户里存钱；
- 从登录账户向一个存款账户转账；
- 从登录账户取款；
- 打印余额。

将所有这些代码放到一个函数之中，以便你可以重复地调用，这会立即为你节省很多编程时间，而且如果你将来需要修改该函数的话，这么做也会节省不少时间。

让我们来看看使用 printf()函数（这个函数你应该已经熟悉了）的另外一个例子，它展示了代码的复用。在这个例子中，程序员已经实现了将纯文本打印到标准输出所需的代码和结构。我们通过使用 printf()函数的名称并且为其传递想要的字符，从而直接使用该函数。由于

printf()函数存在于一个模块或库中，我们可以重复地调用它而不需要了解其实现细节，换句话说，我们不需要知道这个函数是如何编写的。代码复用真的是程序员的好"基友"。

5.1.3　信息隐藏

信息隐藏指的是程序员将实现细节隐藏到函数中的过程。可以把函数看做是一个黑盒子。这个黑盒子只不过是一个（逻辑上和物理上的）组件，它执行一项的任务。我们不知道黑盒子如何执行（实现）任务，只知道当需要的时候可以使用它。图 5.2 描述了黑盒子的概念。

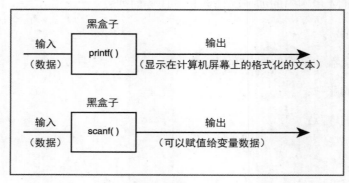

图 5.2　黑盒子的概念

考虑图 5-2 中的两个黑盒子。每一个黑盒子都描述了一个组件，在这个例子中，两个组件分别是 printf()和 scanf()。我将 printf()和 scanf()这两个函数看做是黑盒子，是因为我不需要知道它们中的内容是什么（即它们是如何编写的）；我只需要知道它们接受什么内容作为输入，以及它们返回什么内容作为输出，就可以了。换句话说，信息隐藏的一个典型的例子，就是知道如何使用一个函数，但是不了解它是如何编写的。

目前为止，我们使用的很多函数都很好地体现了信息隐藏的有用之处。表 5.1 列出了在结构化程序设计中实现了信息隐藏的那些较为常用的库函数。

表 5.1　常用库函数

函数	库头	文件说明
scanf()	\<stdio.h\>（standard input/output）	从键盘读取数据
printf()	\<stdio.h\>	将数据打印到计算机显示器
isdigit()	\<ctype.h\>（character handling）	测试十进制数值字符
islower()	\<ctype.h\>	测试小写字符

函数	库头	文件说明
isupper()	<ctype.h>	测试大写字符
tolower()	<ctype.h>	把字符转换为小写
toupper()	<ctype.h>	把字符转换为大写
exp()	<stdio.h>	指数函数
pow()	<math.h>（math functions）	求次方
sqrt()	<math.h>	求平方根

如果你仍然没有理解信息隐藏或黑盒子的概念，考虑一下如下的问题：大多数人知道汽车的发动机是如何工作的吗？可能不知道。大多数人只会关心自己知道如何开车。好在，现代汽车提供了一个界面，你可以很容易地驾驶汽车，而其内部的工作细节对你则完全是隐藏的。换句话说，你可以把汽车的发动机看做是一个黑盒子。你只知道这个黑盒子接受什么输入（汽油）以及给出什么输出（动力）。

回到 printf() 函数的情况，我们所真正知道的是什么呢？我们知道 printf() 函数会将所提供的字符打印出计算机屏幕上。但是，我们知道 printf() 函数到底是怎么工作的吗？可能不知道，并且，我们也不需要知道。这就是信息隐藏的关键概念。

在结构化程序设计中，我们构建了可以复用的组件（代码可复用性），并且这包含了一个接口，其他的程序员不需要了解这些组件是如何编写的，就可以知道如何使用它们（信息隐藏）。

5.2 函数原型

函数原型告诉 C 编译器，函数是如何编写的以及应该如何使用它。在真正开始编写函数之前，先构建函数的原型，这是一种常见的编程实践。这一点很重要，因此，值得再次强调。

程序员必须考虑函数的预期目的，它如何接受输入，以及它将返回什么。为了说明这一点，我们来看看如下的函数原型：

```
float addTwoNumbers(int, int);
```

这个函数原型告诉 C 编译器关于这个函数的如下一些事情：

- 函数返回的数据类型，在这里，返回的是一个浮点数类型；

- 接受的参数的个数，这里是两个参数；

- 参数的数据类型，这里，这两个参数都是整数类型；

- 参数的顺序。

函数实现及其原型是可以变化的。并不一定必须将输入作为参数发送给函数，也不一定必须让函数返回值。在这些情况下，程序员会指明函数的参数为 void 或者返回值为 void。下面的两个函数原型展示了使用 void 关键字的函数的概念：

```
void printBalance(int); //function prototype
```

前面的示例中的 void 关键字告诉 C 编译器，函数 printBalance 将不会返回一个值。换句话说，这个函数的返回值为空。

```
int createRandomNumber(void); //function prototype
```

createRandomNumber 函数的参数列表中的 void 关键字告诉 C 编译器，这个函数将不会接受参数，但是，它将会返回一个整数值。换句话说，这个函数的参数为 void。

应该将函数的原型放置于 main()函数之外，并且放在 main()函数开始之前，如下所示：

```
#include <stdio.h>

int addTwoNumbers(int, int); //function prototype

int main()
{
}
```

可以在 C 程序中包含的函数原型的数目，是没有限制的。考虑如下的代码段，它包含了4 个函数原型：

```
#include <stdio.h>
int addTwoNumbers(int, int); //function prototype
int subtractTwoNumbers(int,int); //function prototype
int divideTwoNumbers(int, int); //function prototype
int multiplyTwoNumbers(int, int); //function prototype

int main()
{
}
```

5.3 函数定义

我已经介绍了 C 程序员如何通过函数原型来为用户定义的函数创建蓝图。在本节中，我们将介绍如何使用函数原型来编写用户定义的函数。

函数定义实现了函数的原型。实际上，函数定义的第 1 行（也叫做函数头）和函数原型是类似的，只有很小的差异。为了展示这一点，我们来看如下的代码段：

```
#include <stdio.h>

int addTwoNumbers(int, int); //function prototype

int main()
{
    printf("Nothing happening in here.");
    return 0;
}

//function definition
int addTwoNumbers(int operand1, int operand2)
{
    return operand1 + operand2;
}
```

我们有两个单独且完整的函数，main()函数和 addTwoNumbers()函数。函数原型和函数定义的第一行（函数头）是很相似的。唯一的区别是，函数头包含了参数的实际的变量名称，而函数的原型包含的只是变量的数据类型。在函数定义中，在函数头之后并没有包含一个引号（这和函数原型不同）。和 main()函数一样，函数定义必须包括开始的和结束的花括号。

在 C 语言中，函数可以向调用语句返回一个值。要返回一个值，使用 return 关键字，它开始了返回值的过程。在下一小节中，我们将学习如何调用一个函数以接受其返回值。

技巧

可以以两种形式使用关键字 return。首先，可以使用 return 关键字来将一个值或表达式结果返回给调用语句。其次，可以使用关键字 return 而不带值和表达式，从而将程序控制返回到调用语句。

然而有的时候，一个函数不必返回一个值。例如，下面的程序编写了一个函数，它只是比较两个数字的值：

```
//function definition
int compareTwoNumbers(int num1, int num2)
{
    if (num1 < num2)
        printf("\n%d is less than %d\n", num1, num2);
    else if (num1 == num2)
        printf("\n%d is equal to %d\n", num1, num2);
    else
        printf("\n%d is greater than %d\n", num1, num2);
}
```

注意，在上面的函数定义中，compareTwoNumbers()函数并没有返回一个值。为了进一步介绍编写函数的过程，我们来研究一下如下的程序，它会生成一个报表的表头：

```
//function definition
void printReportHeader()
{
    printf("\nColumn1\tColumn2\tColumn3\tColumn4\n");
}
```

要构建实现了多个函数定义的一个程序，就要按照每一个函数原型的说明来编写每一个函数。下面的程序实现了 main()函数，它并没有做什么重要的事情，然后，该程序编写了两个函数来执行基本的数学计算并返回一个结果：

```
#include <stdio.h>

int addTwoNumbers(int, int); //function prototype
int subtractTwoNumbers(int, int); //function prototype

int main()
{
    printf("Nothing happening in here.");
    return 0;
}

//function definition
int addTwoNumbers(int num1, int num2)
{
    return num1 + num2;
}

//function definition
int subtractTwoNumbers(int num1, int num2)
{
    return num1 - num2;
}
```

5.4 函数调用

现在是时候通过函数调用来让函数发挥作用了。到目前为止，你可能会问，该如何使用这些函数。我们按照使用诸如 printf()和 scanf()这样的库函数的相同方式，来使用用户定义的函数。

要使用上一小节中的 addTwoNumbers()函数，在我的 main()函数中包含一次函数调用，如下所示：

```
#include <stdio.h>

int addTwoNumbers(int, int); //function prototype

int main()
{
    int iResult;
    iResult = addTwoNumbers(5, 5); //function call
    return 0;
}

//function definition
int addTwoNumbers(int operand1, int operand2)
{
    return operand1 + operand2;
}
```

addTwoNumbers(5, 5)调用了该函数，并且给它传递了两个整数参数。当 C 编译器遇到一个函数调用的时候，它会将程序控制重定向到该函数的定义。如果函数的定义返回一个值，那么，整个函数调用语句都会被这个返回值所替代。

换句话说，整个语句 addTwoNumbers(5, 5)都会被数字 10 所替代。在前面的程序中，返回值 10 会被赋值给整数变量 iResult。

函数调用也可以放置于其他的函数之中。为了展示这一点，我们来看看如下的代码段，它在一个 printf()函数中使用了相同的 addTwoNumbers()函数调用：

```
#include <stdio.h>

int addTwoNumbers(int, int); //function prototype

int main()
```

```
{
    printf("\nThe result is %d", addTwoNumbers(5, 5));
    return 0;
}

//function definition
int addTwoNumbers(int operand1, int operand2)
{
    return operand1 + operand2;
}
```

在上面的函数调用中，我们直接写入了两个数字作为参数。也可以传递两个变量作为参数，从而以更加动态的方式来调用该函数，如下所示：

```
#include <stdio.h>

int addTwoNumbers(int, int); //function prototype

int main()
{
    int num1, num2;

    printf("\nEnter the first number: ");
    scanf("%d", &num1);

    printf("\nEnter the second number: ");
    scanf("%d", &num2);

    printf("\nThe result is %d\n", addTwoNumbers(num1, num2));
    return 0;
}

//function definition
int addTwoNumbers(int operand1, int operand2)
{
    return operand1 + operand2;
}
```

上面的程序的输出如图 5.3 所示。

下面要展示的是 printReportHeader()函数，它使用\t 转义序列在单词之间打印出一个制表符，从而生成一个报表的表头：

```
#include <stdio.h>

void printReportHeader(); //function prototype
```

```
int main()
{
    printReportHeader();
    return 0;
}

//function definition
void printReportHeader()
{
    printf("\nColumn1\tColumn2\tColumn3\tColumn4\n");
}
```

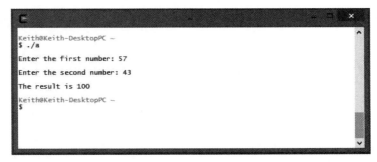

图 5.3 传递两个变量作为用户定义的函数的参数

调用一个不需要参数的函数或者没有返回值的函数很简单，只要在其名称后面跟上一个空的圆括号就可以了。

陷阱

在调用没有参数的函数的时候，如果忘了使用圆括号，将会导致编译错误或者不正确的程序操作。考虑如下两个函数调用：

```
printReportHeader; //Incorrect function call
printReportHeader(); //Correct function call
```

第 1 个函数调用并不会导致编译错误，但是它无法执行对 printReportHeader()函数的调用。第 2 个函数调用包含了空的圆括号，因而成功地调用了 printReportHeader()。

5.5 变量作用域

在任何程序语言中，变量作用域标识并定义了变量的生命周期。当一个变量失去了其作用域的时候，其数据值也会丢失。我会介绍 C 语言中两种常见的变量类型，局部变量和全局变量，以便你能够更好地理解变量作用域的重要性。

5.5.1　局部作用域

你从第 2 章就开始使用局部作用域的变量了，只是浑然不知而已。局部变量在函数中定义，例如，在 main()函数中，并且当函数执行完的时候，局部变量就会丢失其作用域，如下面的程序所示：

```c
#include <stdio.h>

int main()
{
    int num1;

    printf("\nEnter a number: ");
    scanf("%d", &num1);

    printf("\nYou entered %d\n ", num1);
    return 0;
}
```

每次上面的程序运行的时候，C 编译器都会使用整数变量 num1 的变量声明来为其分配内存空间。当 main()函数结束之后，变量 num1 中存储的数据就会丢失。

由于局部作用域变量是与其来源的函数绑定的，你可以在其他的函数中复用变量名，而不会有覆盖数据的风险。为了说明这一点，看看如下的程序代码，其输出如图 5.4 所示。

```c
#include <stdio.h>

int getSecondNumber(); //function prototype

int main()
{
    int num1;

    printf("\nEnter a number: ");
    scanf("%d", &num1);

    printf("\nYou entered %d and %d\n ", num1, getSecondNumber());
    return 0;
}

//function definition
```

```
int getSecondNumber ()
{
    int num1;

    printf("\nEnter a second number: ");
    scanf("%d", &num1);
    return num1;
}
```

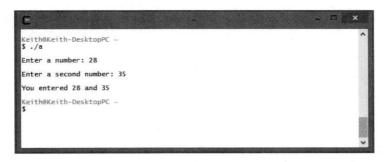

图 5.4　在不同的函数中使用相同的局部作用域变量名

由于变量 num1 的作用域仅限于每个函数，不会有覆盖数据的担心或问题。具体来说，每个函数中的 num1 变量都在一个不同的内存地址中，因此，每个 num1 都是一个唯一的变量。

5.5.2　全局作用域

我们可以在其他的函数中复用局部作用域的变量，而不会影响到另一个变量的内容。然而，有的时候，你可能想要跨函数或者说在函数之间共享数据。为了支持这种共享数据的概念，我们可以创建并使用全局变量。

全局变量（global variable）在任何的函数之外创建并定义，包括也在 main()函数之外。要了解全局变量是如何工作的，来看看如下的程序：

```
#include <stdio.h>

void printLuckyNumber();  //function prototype
int iLuckyNumber;  //global variable

int main()
{
    printf("\nEnter your lucky number: ");
    scanf("%d", &iLuckyNumber);

    printLuckyNumber();
```

```
    return 0;
}

//function definition
void printLuckyNumber()
{
    printf("\nYour lucky number is: %d\n", iLuckyNumber);
}
```

iLuckyNumber 变量是一个全局变量，因为它是在任何函数之外创建的，也在 main() 函数之外。可以在一个函数之中将数据赋值给全局变量，并且在另一个函数中引用相同的内存空间。然而，这种过度使用全局变量的做法并不明智，因为任何函数都可能很容易地修改变量并由此导致错误的数据。使用正确的作用域来保护你的数据，并且遵从信息隐藏的原则。

5.6 本章程序：Trivia

Trivia 游戏使用了本章介绍的众多的概念和技术，如图 5.5 所示。

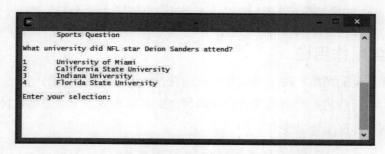

图 5.5 使用 Trivia 游戏来展示本章介绍的概念

Trivia 游戏使用了函数原型、函数定义、函数调用和一个全局变量，编写了一个简单有趣的游戏。玩家从主菜单中选择一个领域分类并且会被询问一个问题。程序会告诉你答案是正确的还是错误的。

每个领域分类都分解到一个实现了问答逻辑的函数中。还有一个用户定义的函数，用来构建一个暂停工具。

编写 Trivia 游戏所需的所有代码如下所示：

```
#include <stdio.h>
#include <time.h>
```

```c
#include <stdlib.h>

/*********************************************
FUNCTION PROTOTYPES
*********************************************/
int sportsQuestion(void);
int geographyQuestion(void);
void pause(int);

/*********************************************
GLOBAL VARIABLE
*********************************************/
int giResponse = 0;

/*********************************************/
  int main()
  {
  do {
      system("clear");
      printf("\n\tTHE TRIVIA GAME\n\n");
      printf("1\tSports\n");
      printf("2\tGeography\n");
      printf("3\tQuit\n");
      printf("\n\nEnter your selection: ");
      scanf("%d", &giResponse);

      switch(giResponse) {
          case 1:
             if (sportsQuestion() == 4)
                 printf("\nCorrect!\n");
             else
                 printf("\nIncorrect\n");
             pause(2);
             break;
          case 2:
             if (geographyQuestion() == 2)
                 printf("\nCorrect!\n");
             else
                 printf("\nIncorrect\n");
             pause(2);
             break;
      } //end switch
    } while ( giResponse != 3 );
    return 0;
} //end main function
```

```
/**********************************************************
FUNCTION DEFINITION
**********************************************************/
int sportsQuestion(void)
{
    int iAnswer = 0;
    system("clear");
    printf("\tSports Question\n");
    printf("\nWhat university did NFL star Deion Sanders attend? ");
    printf("\n\n1\tUniversity of Miami\n");
    printf("2\tCalifornia State University\n");
    printf("3\tIndiana University\n");
    printf("4\tFlorida State University\n");
    printf("\nEnter your selection: ");
    scanf("%d", &iAnswer);
    return iAnswer;
} //end sportsQuestion function


/**********************************************************
FUNCTION DEFINITION
**********************************************************/
int geographyQuestion(void)
{

    int iAnswer = 0;
    system("clear");
    printf("\tGeography Question\n");
    printf("\nWhat is the state capital of Florida? ");
    printf("\n\n1\tPensacola\n");
    printf("2\tTallahassee\n");
    printf("3\tJacksonville\n");
    printf("4\tMiami\n");
    printf("\nEnter your selection: ");
    scanf("%d", &iAnswer);
    return iAnswer;
} //end geographyQuestion function


/**********************************************************
FUNCTION DEFINITION
**********************************************************/
void pause(int inNum)
{
    int iCurrentTime = 0;
    int iElapsedTime = 0;
```

```
    iCurrentTime = time(NULL);
    do {
        iElapsedTime = time(NULL);
    } while ( (iElapsedTime - iCurrentTime) <inNum );
} //end pause function
```

5.7 本章小结

- 结构化程序设计使得程序员能够将复杂的系统分解为可管理的组件。

- 自顶向下的设计从最顶部开始，将问题分解为较小的、可管理的组件。

- 代码的可复用性在 C 语言中以函数的形式来实现。

- 信息隐藏是指程序员将实现的细节隐藏到函数中的过程。

- 函数原型告诉 C 编译器，如何编写和使用你的函数。

- 最常见的编程实践是，在编写实际的函数之前构建出函数的原型。

- 函数原型告诉 C 编译器，函数所返回的数据类型、函数所接受的参数数目、参数的数据类型，以及参数的顺序。

- 函数定义实现了函数原型。

- 在 C 语言中，函数可以向调用语句返回一个值。要返回一个值，使用 return 关键字，它会启动返回值的过程。

- 可以使用 return 关键字向调用语句传递一个值或表达式的结果，或者，可以使用不带值或表达式的 return 关键字，将程序控制返回到调用语句。

- 在调用不带参数的函数的时候，如果忘记使用圆括号的话，将会导致编译器错误或者无效的程序操作。

- 在任何程序语言中，变量作用域识别和确定了变量的生命周期。当一个变量失去了其作用域，它会失去其数据值。

- 局部变量在函数（例如，main()函数）中定义，并且每次函数执行完之后，它就会失去其作用域。

- 局部作用域变量可以在其他函数中复用，而不会影响到另一个变量的内容。

- 全局变量在任何函数之外创建并定义，包括也在 main()函数之外。

5.8　编程挑战

1．为如下的组件编写函数原型：

- 将两个数字相除并返回余数的一个函数。

- 找出两个数中的最大数并返回结果的一个函数。

- 打印出一个 ATM 菜单的函数，它不接受参数并且没有返回值。

2．为以上的每一个函数原型，编写一个函数定义。

3．为 Trivia 游戏添加一个你自己的领域分类。

4．修改 Trivia 游戏，以记录用户答对和答错问题的次数。当用户退出程序的时候，显示答对和答错的次数。考虑使用全局变量来记录回答问题的次数、答对的次数和答错的次数。

第 6 章
数组

数组是一种重要的和多功能的编程结构。它使得我们能够以一种结构化的方式来构建和操作大量的相关数据（具有相同的类型的数据），并且只使用一个名称就可以引用整个一组数据。

本章介绍了很多关于数组的内容，例如创建一维和多维数组、初始化数组，以及搜索数组的内容。

本章包含以下内容：

* 数组简介；

* 一维数组；

* 二维数组；

* 本章程序：Tic-Tac-Toe。

6.1　数组简介

就像是循环和条件一样，数组也是一种常用的编程结构，并且对于程序员初学者来说，数组也是需要学习的一种重要的概念。在大多数高级编程语言中（例如 C 语言），都有数组，它提供了一种简单的方式将变量分组，以便于访问。C 语言中的数组具有如下一些常见属性：

* 数组中的变量拥有同一个名称；

* 数组中的变量拥有相同的数据类型；

* 数组中的单个变量叫做元素（element）；

* 可以通过索引编号来访问数组中的元素。

和任何其他的变量一样，数组也占用内存空间；而且，数组是一组连续的、相邻的内存段，如图 6.1 所示。

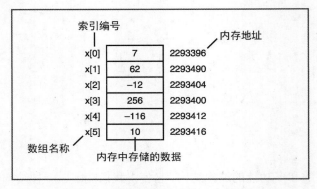

图 6.1　带有 6 个元素的一个数组

图 6.1 所示的 6 个元素的数组，是从索引 0 开始的。这是需要记住的一个重要概念，而且我们会不断强调。数组中的元素从索引编号 0 开始。图 6.1 中的数组拥有 6 个元素，从元素 0 到元素 5。

陷阱

一种常见的编程错误是没有考虑数组的索引是基于 0 的。这种编程错误通常叫做差一错误（off-by-one error）。这种错误类型通常不是在编译时捕获的，而是在运行时捕获，也就是当用户或程序试图访问一个数组的某个并不存在的元素编号的时候。例如，如果你有 6 个元素的一个数组，并且程序试图使用索引编号 6 来访问第 6 个元素，将会发生一个运行时错误或者导致数据丢失。这是因为，拥有 6 个元素的数组的最后一个索引是 5。

6.2　一维数组

有的时候，你可能需要或使用一维数组。尽管对于何时使用数组并没有一定的规则，但有些问题是很适合用数组来解决的，例如，下面列出的这些问题：

- 一本书的每一章的页数；

- 学生的 GPA 的列表；

- 高尔夫得分记录；

- 电话号码的列表。

看看上面的列表，你可能会奇怪，为什么要使用一个数组来存储上述的信息。考虑一下高尔夫得分的情况。如果你创建了一个程序来记录自己的高尔夫得分，那么，要保存一场高尔夫球赛中的每一个洞的得分，你需要多少个变量或者说变量名呢？如果用单个的变量来解决这个问题，你的变量声明可能会像下面的代码这样：

```
int iHole1, iHole2, iHole3, iHole4, iHole5, iHole6;
int iHole7, iHole8, iHole9, iHole10, iHole11, iHole12;
int iHole13, iHole14, iHole15, iHole16, iHole17, iHole18;
```

哦，这得需要很多的变量。如果你使用一个数组的话，则只需要一个变量名，而它拥有18 个元素，如下所示：

```
int iGolfScores[18];
```

6.2.1　创建一维数组

创建并使用一维数组很容易，尽管要花点时间和做些练习才能熟悉这种方法。在 C 语言中，创建数组的方法和创建其他变量的方法类似，如下所示：

```
int iArray[10];
```

上面的声明创建了一个一维的、基于整数的数组 iArray，它包含 10 个元素。记住，数组索引是基于 0 的，可以从数字 0 开始，一直到方括号中定义的数字减去 1（0、1、2、3、4、5、6、7、8、9 这一共有 10 个元素）。

也可以声明包含其他的数据类型的数组。为了展示这一点，考虑如下使用了各种数据类型的数组声明：

```
float fAverages[30]; //Float data type array with 30 elements
double dResults[3]; //Double data type array with 3 elements
short sSalaries[9]; //Short data type array with 9 elements
char cName[19]; //Char array - 18 character elements and one NULL character
```

6.2.2　初始化一维数组

在 C 语言中，当创建变量和数组的时候，并不会清理其之前的值的内存空间。因此，不仅要声明数组，而且要初始化它，这通常是比较好的编程做法。

有两种方法来初始化数组，在数组声明之中初始化和在数组声明之外初始化。在第 1 种方法中，在数组声明之中，直接将逗号隔开的 1 个或多个值放在花括号中以赋值给数组：

```
int iArray[5] = {0, 1, 2, 3, 4};
```

将数字放置在花括号中并用逗号隔开，这会把一个默认值赋值给各个编号所对应的元素。

技巧

可以用一个单个的默认值来快速初始化数组，如下面的数组声明所示：

int iArray[5] = {0};

在数组声明中，赋一个单个的数字值 0，将会默认地把所有的数组元素都赋值为 0。

初始化数组元素的另一种方法，是使用 for 循环这样的循环结构。为了展示这一点，我们来看看如下的程序代码：

```
#include <stdio.h>

int main()
{
    int x;
    int iArray[5];

    for ( x = 0; x < 5; x++ )
        iArray[x] = 0;
    return 0;
}
```

在上面的程序中，我们声明了两个变量，一个名为 x 的整数，它用于 for 循环之中；还有一个基于整数的数组，名为 iArray。由于我已经知道数组中有 5 个元素，我需要在 for 循环中迭代 5 次。在循环中，我将数字 0 赋值给数组的每一个元素，在赋值语句中，使用计数器变量 x 可以很容易地访问该元素。

要打印一个数组的所有内容，我们还需要使用一个循环结构，如下面的程序所示：

```
#include <stdio.h>

int main()
{
    int x;
    int iArray[5];

//initialize array elements
    for ( x = 0; x < 5; x++ )
        iArray[x] = x;

//print array element contents
    for ( x = 0; x < 5; x++ )
        printf("\nThe value of iArray index %d is %d\n", x, x);
```

```
    return 0;
}
```

通过将 x 变量的值赋值给每一个数组元素，我将上面的名为 iArray 的数组的元素初始化为不同的值，如图 6.2 所示，因为每次循环迭代的时候，x 变量的值都会增加 1。在初始化数组之后，使用另一个循环打印出数组的内容。

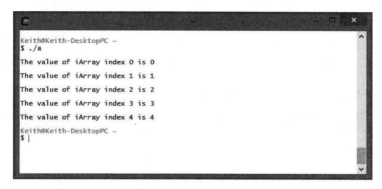

图 6.2　打印出数组的内容

有时候，只需要访问一个数组的单个元素，也可以用两种方式之一来做到这一点：直接为索引编写一个数字值，或者是使用变量。直接为索引编写一个数字值的方法，如下面的 printf() 函数所示：

```
printf("\nThe value of index 4 is %d\n", iArray[3]);
```

这种方法假设你总是需要或者想要知道元素的编号。访问单个的元素编号的一种更为动态的方式是，使用变量。在下面的程序中，我使用了用户输入来访问一个单个的数组元素的值：

```
#include <stdio.h>

int main()
{
    int x;
    int iIndex = -1;
    int iArray[5];

    for ( x = 0; x < 5; x++ )
    iArray[x] = (x + 5);

    do {
        printf("\nEnter a valid index (0-4): ");
        scanf("%d", &iIndex);
    } while ( iIndex < 0 || iIndex > 4 );
```

```
        printf("\nThe value of index %d is %d\n", iIndex, iArray[iIndex]);
        return 0;
} //end main
```

我将数组初始化混合到了 for 循环中,通过在每次循环迭代的时候给 x 的值加上 5 来做到这一点。然而,当从用户获取一个索引值的时候,我必须执行更多的任务。实际上,我要测试用户已经输入了一个有效的索引值,否则,我的程序将会给出无效的结果。为了验证用户的输入,我在一个 do while 循环中插入了 printf() 和 scanf() 函数,直到得到一个有效的值,然后我就可以打印出想要的元素的内容。图 6.3 展示了在我的计算机上运行上面的程序所得到的输出。由于该程序的第 1 部分打印出了内存中未初始化的数组的内容,因此,你的结果可能会有所不同。

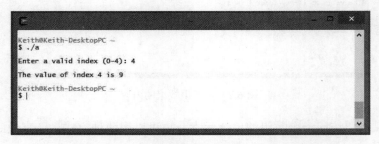

图 6.3　使用一个变量来访问数组的一个元素

在使用字符数组之前,应该先初始化它。字符数组中的元素保存了字符,还加上一个特殊的 NULL 终结字符,后者是用字符常量'\0'来表示的。

可以用多种方式来初始化字符数组。例如,如下的代码使用一个预定义的字符序列来初始化一个数组:

```
char cName[] = { 'O', 'l', 'i', 'v', 'i', 'a', '\0' };
```

上面的数组声明创建了一个名为 cName 的数组,它拥有 7 个元素,包括 NULL 字符 '\0'。初始化同一个 cName 数组的另一种方式如下所示:

```
char cName[] = "Olivia"
```

使用双引号括起来的一个字符序列去初始化一个字符数组的时候,会自动在其后面添加 NULL 字符。

陷阱

当创建字符数组的时候,确保分配足够的空间,以便能够存储可赋值的最大的字符序列。此外,还要记得在字符数组中分配足够的空间来存储 NULL 字符('\0')。

看看下面的程序，其输出如图 6.4 所示，它创建了两个字符数组，一个初始化了，另一个没有初始化。

```c
#include <stdio.h>

int main()
{
    int x;
    char cArray[5]; // uninitialized array
    char cName[] = "Olivia"; // initialized array

    printf("\nUninitialized character array (contains unintended data):\n");
    for ( x = 0; x  < 5; x++ )
        printf("cArray[%d] contains value %d\n", x, cArray[x]);

    printf("\nInitialized character array (contains intended data):\n");
    for ( x = 0; x < 6; x++ )
        printf("%c", cName[x]);
    return 0;
} //end main
```

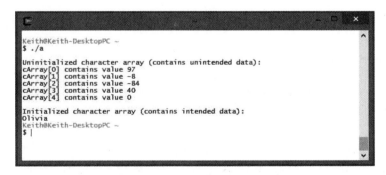

图 6.4　初始化一个基于字符的数组

图 6.4 展示了为什么需要初始化数组。一个未初始化的数组也包含数据，只不过不是你想要的数据。你可能已经注意到了，在上面的程序中，我将未初始化的数组的内容作为整数打印出来。为什么呢？因为其中的内容甚至不可能显示为字符。在图 6.4 中，我们可以看到，在 cArray 的元素中保存了以前遗留下的数据（不是我赋值的，也不是我初始化的）。

6.2.3　搜索一维数组

对于数组来说，最常见的操作之一就是搜索其元素的内容。我们将再次使用循环结构，例如 for 循环，来遍历每一个元素，直到找到要搜索的值或者搜索结束。

下面的程序展示了搜索一个数组的概念，它提示用户输入一个要搜索的数值：

```c
#include <stdio.h>

int main()
{
    int x;
    int iValue;
    int iFound = -1;
    int iArray[5];

    for ( x = 0; x < 5; x++ )
        iArray[x] = (x + x); //initialize array

    printf("\nEnter value to search for: ");
    scanf("%d", &iValue);

    for ( x = 0; x < 5; x++ ) {
        if ( iArray[x] == iValue ) {
            iFound = x;
            break;
        }
    } //end for loop

    if ( iFound > -1 )
        printf("\nI found your search value in element %d\n", iFound);
    else
        printf("\nSorry, your search value was not found\n");
    return 0;
} //end  main
```

正如上面的程序所示，我使用了两个不同的循环，一个循环用于将基于整数的数组初始化为计数器变量加上其自身（iArray[x] = (x + x)），另一个循环使用用户的搜索值来搜索数组。

上面程序中的每一个数组元素的有效值，如表 6.1 所示。

表 6.1　iArray[x] = (x + x)的有效元素值

元素编号	初始化后的值
0	0
1	2
2	4
3	6
4	8

如果找到匹配的元素，我将元素赋值给一个变量，并且使用关键字 break 来退出循环。在搜索过程之后，如果找到这个值，我会告诉用户并指出其位置（在哪一个索引位置）。如果没有找到匹配值，也会提醒用户。

图 6.5 展示了这个搜索程序的输出。

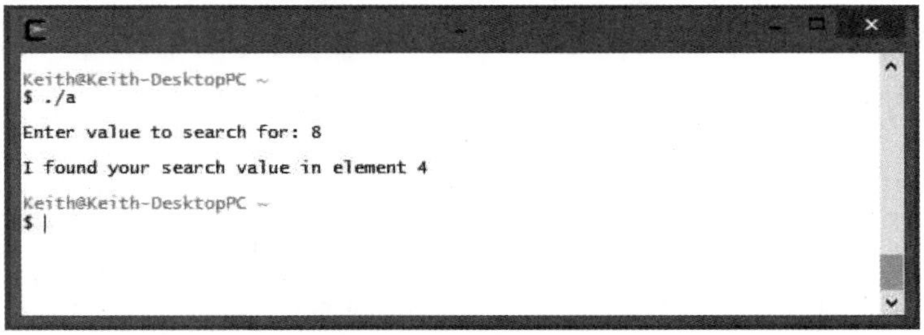

```
Keith@Keith-DesktopPC ~
$ ./a

Enter value to search for: 8

I found your search value in element 4

Keith@Keith-DesktopPC ~
$ |
```

图 6.5　搜索一个数组的内容

还记得的吧，前面介绍过，可以使用 break 关键字来退出循环。当 C 编译器在循环中遇到 break 关键字的时候，它会将程序的控制转移到循环之外的下一条语句。在搜索大量的信息的时候，这种方法的优点是能够节省时间。

6.3　二维数组

二维数组是比一维数组更为有趣的结构。理解和考虑二维数组的最容易的方式，是绘制一个带有行和列的表格（例如，围棋棋盘、国际象棋棋盘或者电子表格）。然而，C 语言将二维数组实现为带有指针的一维数组，其中的指针指向了另一个一维数组。正如前面所提到的，为了简单起见，我们可以将二维数组表示成一个网格或表格。

二维数组的创建方法类似于一维数组，只有一点不同：必须使用两个单独的元素编号（列的编号和行的编号）来声明二维数组，如下所示：

```
int iTwoD[3][3];
```

上面的数组一共声明了 9 个元素（还记得吧，数组索引是从 0 开始的）。使用两个数组编号来访问二维数组，一个编号用于列，一个编号用于行。

	Column 0	Column 1	Column 2
Row 0	iTwoD[0][0]	iTwoD[0][1]	iTwoD[0][2]
Row 1	iTwoD[1][0]	iTwoD[1][1]	iTwoD[1][2]
Row 2	iTwoD[2][0]	iTwoD[2][1]	iTwoD[2][2]

图 6.6　二维数组

图 6.6 展示了拥有 9 个元素的一个二维数组。

6.3.1 初始化二维数组

可以用几种方法来初始化一个二维数组。首先，可以在二维数组的声明中初始化它，如下所示：

```
int iTwoD[3][3] = { {0, 1, 2}, {1, 2, 3}, {2, 3, 4} };
```

每一组花括号都会初始化单独的一行元素。例如，iTwoD[0][0]得到 0，iTwoD[1][1]得到 2，而 iTwoD[3][2]得到 4。表 6.2 展示了赋给了上面的二维数组的所有的值。

表 6.2　初始化后的二维数组的值

元素引用	值	元素引用	值
iTwoD[0][0]	0	iTwoD[1][2]	3
iTwoD[0][1]	1	iTwoD[2][0]	2
iTwoD[0][2]	2	iTwoD[2][1]	3
iTwoD[1][0]	1	iTwoD[2][2]	4
iTwoD[1][1]	2		

也可以使用循环结构，例如，用 for 循环来初始化二维数组。正如你所预期的那样，当初始化或搜索二维数组的时候，还有更多的一些工作要做。实际上，必须创建一个嵌套的循环结构来搜索或访问每一个元素，如下面的程序所示：

```c
#include <stdio.h>

int main()
{
    int iTwoD[3][3];
    int x, y;

    //initialize the 2D array
    for ( x = 0; x <= 2; x++ ) {
        for ( y = 0; y <= 2; y++ )
            iTwoD[x][y] = ( x + y );
    } //end outer loop

    //print the 2D array
    for ( x = 0; x <= 2; x++ ) {
        for ( y = 0; y <= 2; y++ )
            printf("iTwoD[%d][%d] = %d\n", x, y, iTwoD[x][y]);
    } //end outer loop
```

```
    return 0;
} //end main
```

在搜索二维数组的时候，嵌套的循环是必须的。在上面的示例中，循环结构的第 1 个组合将每一个元素都初始化为变量 x 加上变量 y。此外，外围的循环控制了遍历各行（一共有 3 行）的次数。一旦进入了第一个循环，内部的循环将会接管程序流程并且针对每个外围循环都迭代 3 次。内部循环使用一个单独的变量 y 来遍历当前的行的每一个列编号（每行一共有 3 列）。最后一组循环访问了每一个元素并用 printf() 函数将其打印到标准输出。

上面的程序的输出如图 6.7 所示。

图 6.7　用嵌套循环初始化一个二维数组

对于初学者来说，使用嵌套的循环遍历二维数组肯定是一项令人沮丧的任务。我能给出的最好的建议就是，练习，练习，再练习。编写的程序越多，对概念的理解也会越清晰。

6.3.2　搜索二维数组

搜索二维数组背后的概念和搜索一维数组很相似。必须接受一个要搜索的值，例如用户的输入，然后搜索数组的内容，直到找到要找的值，或者搜索完了整个数组都没有找到一个匹配值。

然而，当搜索二维数组的时候，必须使用上一节所介绍的嵌套循环技术。嵌套循环结构使你能够单独地搜索每一个数组元素。

如下的程序展示了如何搜索一个二维数组。

```
#include <stdio.h>

int main()
{
    int iTwoD[3][3] = { {1, 2, 3}, {4, 5, 6}, {7, 8, 9} };
    int iFoundAt[2] = {0, 0};
    int x, y;
```

```
        int iValue = 0;
        int iFound = 0;

        printf("\nEnter a search value from 1 to 9: ");
        scanf("%d", &iValue);

        //search the 2D array
        for ( x = 0; x <= 2; x++ ) {

            for ( y = 0; y <= 2; y++ ) {
                if ( iTwoD[x][y] == iValue ) { iFound = 1;
                    iFoundAt[0] = x;
                    iFoundAt[1] = y;
                    break;
                } //end if
            } //end inner loop
        } //end  outer loop

        if ( iFound == 1 )
        printf("\nFound value in iTwoD[%d][%d]\n", iFoundAt[0], iFoundAt[1]);
        else
            printf("\nValue not found\n");
        return 0;
    } //end main
```

上面的嵌套循环结构，是在处理二维数组的时候反复出现的一个主题。更具体地说，必须使用两个循环来搜索一个二维数组，一个外围循环搜索行，一个内部循环搜索外围循环的行的每一个列。

除了使用多维数组，如果找到了要搜索的值，我还使用了一个名为 iFoundAt 的一维数组来存储这个二维数组的行和列的位置。如果找到了要搜索的值，我想要让用户知道是在哪里找到这个值的。

搜索二维数组的程序的输出如图 6.8 所示。

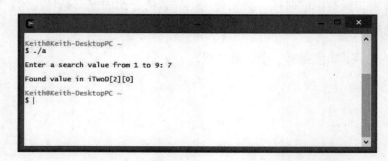

图 6.8　使用嵌套的循环搜索一个二维数组

6.4 本章程序：Tic-Tac-Toe

Tic-Tac-Toe 游戏以一种有趣而容易的方式展示我们在本章中学习的编程技术和数组数据结构，如图 6.9 所示。此外，Tic-Tac-Toe 游戏也使用了我们在之前各章学习的编程技术和结构，例如，函数原型、函数定义、系统调用和全局变量。

图 6.9　Tic-Tac-Toe 是本章的游戏程序

Tic-Tac-Toe 游戏的程序一共有 4 个函数，包括 main()函数在内。表 6.3 列出了每一个函数的作用。

表 6.3　Tic-Tac-Toe 游戏所使用的函数

函数名	函数说明
main()	初始化数组并提示玩家放置 X 或 O，直到游戏结束
displayBoard()	清除屏幕并显示放置了 X 或 O 的棋盘
verifySelection()	在一个方块中放置 X 或 O 之前，验证该方块为空
checkForWin()	检查 X 或 O 获胜，或者是平局

编写 Tic-Tac-Toe 游戏所需的所有代码如下所示：

```
#include <stdio.h>
#include <stdlib.h>

/******************************
function prototypes

******************************/
```

```c
void displayBoard();
int verifySelection(int, int);
void checkForWin();

/*******************
global variables
*****************/
char board[8];
char cWhoWon = ' ';
int iCurrentPlayer = 0;

/**********************************************************
begin main function
**********************************************************/
int main() {
    int x;
    int iSquareNum = 0;

    for ( x = 0; x < 9; x++ )
        board[x] = ' ';
    displayBoard();

    while ( cWhoWon == ' ' ) {
        printf("\n%c\n", cWhoWon);
        if ( iCurrentPlayer == 1 || iCurrentPlayer == 0 ) {
        printf("\nPLAYER X\n");
        printf("Enter an available square number (1-9): ");
        scanf("%d", &iSquareNum);
        if ( verifySelection(iSquareNum, iCurrentPlayer) == 1 )
            iCurrentPlayer = 1;
        else
            iCurrentPlayer = 2;
        }
        else {
            printf("\nPLAYER O\n");
            printf("Enter an available square number (1-9): ");
            scanf("%d", &iSquareNum);
            if ( verifySelection(iSquareNum, iCurrentPlayer) == 1 )
                    iCurrentPlayer = 2;
                else
                    iCurrentPlayer = 1;
        } // end if
        displayBoard();
        checkForWin();
    } //end loop
    return 0;
```

```
} //end main function

/**********************************************************
begin function definition
**********************************************************/
void displayBoard() {
    system("clear");
    printf("\n\t|\t|\n");
    printf("\t|\t|\n");
    printf("%c\t|%c\t|%c\n", board[0], board[1], board[2]);
    printf("----|-----|----\n");
    printf("\t|\t|\n");
    printf("%c\t|%c\t|%c\n", board[3], board[4], board[5]);
    printf("----|----|----\n");
    printf("\t|\t|\n");
    printf("%c\t|%c\t|%c\n", board[6], board[7], board[8]);
    printf("\t|\t|\n");
} //end function definition

/**********************************************************
begin function definition
**********************************************************/
int verifySelection(int iSquare, int iPlayer) {
    if ( board[iSquare - 1] == ' ' && (iPlayer == 1 || iPlayer == 0) ) {
        board[iSquare - 1] = 'X';
        return 0;
    }
    else if ( board[iSquare - 1] == ' ' && iPlayer == 2 ) {
        board[iSquare - 1] = 'O';
        return 0;
    }
    else
        return 1;
} //end function definition

/**********************************************************
begin function definition
**********************************************************/
void checkForWin() {
    int catTotal;
    int x;

    if (board[0] == 'X' && board[1] == 'X' && board[2] == 'X')
        cWhoWon = 'X';
    else if (board[3] = 'X' && board[4] = 'X' && board[5] = 'X')
        cWhoWon = 'X';
    else if (board[6] = 'X' && board[7] = 'X' && board[8] = 'X')
```

```
            cWhoWon = 'X';
        else if (board[0] = 'X' && board[3] = 'X' && board[6] = 'X')
            cWhoWon = 'X';
        else if (board[1] = 'X' && board[4] = 'X' && board[7] = 'X')
            cWhoWon = 'X';
        else if (board[2] = 'X' && board[5] = 'X' && board[8] = 'X')
            cWhoWon = 'X';
        else if (board[0] = 'X' && board[4] = 'X' && board[8] = 'X')
            cWhoWon = 'X';
        else if (board[2] = 'X' && board[4] = 'X' && board[6] = 'X')
            cWhoWon = 'X';
        else if (board[0] = 'O' && board[1] = 'O' && board[2] = 'O')
            cWhoWon = 'O';
        else if (board[3] = 'O' && board[4] = 'O' && board[5] = 'O')
            cWhoWon = 'O';
        else if (board[6] = 'O' && board[7] = 'O' && board[8] = 'O')
            cWhoWon = 'O';
        else if (board[0] = 'O' && board[3] = 'O' && board[6] = 'O')
            cWhoWon = 'O';
        else if (board[1] = 'O' && board[4] = 'O' && board[7] = 'O')
            cWhoWon = 'O';
        else if (board[2] = 'O' && board[5] = 'O' && board[8] = 'O')
            cWhoWon = 'O';
        else if (board[0] = 'O' && board[4] = 'O' && board[8] = 'O')
            cWhoWon = 'O';
        else if (board[2] = 'O' && board[4] = 'O' && board[6] = 'O')
            cWhoWon = 'O';
        if (cWhoWon == 'X') {
            printf("\nX Wins!\n");
            return;
        }
        if (cWhoWon == 'O') {
            printf("\nO Wins!\n");
            return;
        }
        //check for CAT / draw  game
        for ( x = 0; x < 9; x++ ) {
            if ( board[x] != ' ')
            catTotal += 1;
        } //end for loop
        if ( catTotal == 9 ) {
            cWhoWon = 'C';
            printf("\nCAT Game!\n");
            return;
        } //end if
    } //end function definition
```

6.5 本章小结

- 数组是一组连续的内存段。

- 数组中的变量拥有相同的名称。

- 数组中的变量拥有相同的数据类型。

- 一个数组中的单个的变量叫做元素。

- 数组中的元素，是通过索引编号来访问的。

- 在一个数组的声明中，赋值单个的数字 0，将会默认地给所有的数组元素赋值 0。

- 字符数组中的元素保存了字符加上一个特殊的 NULL 终结字符，后者用字符常量'\0' 表示。

- 当创建字符数组的时候，确保分配足够的空间，以便能够存储可赋值的最大的字符序列。此外，还要记得在字符数组中分配足够的空间来存储 NULL 字符（'\0'）。

- 使用循环结构，例如 for 循环，来遍历一个数组中的每一个元素。

- 当 C 编译器在循环中遇到 break 关键字的时候，它将程序控制转移到循环之外的下一条语句。

- C 语言将二维数组实现为一个带有指针的一维数组，其中的指针指向了另一个一维数组。

- 理解和思考二维数组的最容易的方式，是绘制带有行和列的一个表格。

- 要搜索一个二维数组，必须使用嵌套的循环。

6.6 编程挑战

1. 编写一个程序，使用一维数组来存储用户输入的 10 个数字。在输入了数字之后，用户应该会看到带有两个选项的一个菜单，可以以升序或降序来排序并打印 10 个数字。

2. 编写一个学生 GPA 平均分计算程序。这个程序应该提示用户输入最多 30 个 GPA，将其存储到一个一维数组中。每次用户输入一个 GPA，他应该选择计算当前的 GPA 平均值或者是输入另一个 GPA。这个程序的示例数据如下所示：

```
GPA: 3.5
GPA: 2.8
GPA: 3.0
GPA: 2.5
GPA: 4.0
GPA: 3.7
GPA Average: 3.25
```

提示

注意不要把空的数组元素计算到学生的 GPA 平均值中。

3．编写一个程序，它允许用户输入 5 位朋友的名字。使用一个二维数组来存储朋友的名字。在输入每个名字之后，用户应该选择输入另一个名字，或者是打印出一个报表来显示当前所输入的每一个名字。

4．修改 Tic-Tac-Toe 程序，以使用一个二维数组而不是一维数组。

5．修改 Tic-Tac-Toe 程序，使其成为一个单人玩家的游戏（用户将和计算机下棋）。

第 7 章
指针

毫无疑问，指针是 C 编程中最有挑战性的主题之一。正是指针使得 C 语言成为计算机产业界最为健壮的语言，可以用来编写在性能和功能方面无可匹敌的程序。

使用指针有很多的好处，例如，程序执行的更快，并且能够访问调用函数之外的变量。

理解指针对于理解本书剩下的内容来说至关重要，对于理解 C 所提供的其他功能来说，同样也很重要。尽管指针很有挑战性，但是请记住一点，每一个入门的 C 程序员（包括我）都必须经受指针概念的考验。你可以把指针看做是任何一位 C 程序员的成年仪式。为了开始这个过程，我将介绍如下一些基础内容：

- 指针基础；
- 函数和指针；
- 给函数传递数组；
- const 限定符；
- 本章程序：Cryptogram。

在掌握了本章介绍的概念之后，你就准备好了学习较为复杂的指针概念及其应用了，例如字符串、动态内存分配和各种数据结构。

7.1　指针基础

指针是 C 程序员可以用来通过内存地址操作变量、函数和数据结构的一种强大的结构。指针是一种特殊类型的变量，它可以将内存地址作为其值保存。换句话说，指针变量包含了指向另一个变量的一个内存地址。这听起来可能有点奇怪，因此，让我们来看一个示例。

假设你有一个名为 iResult 的整数变量，它包含了值 75，并且位于内存地址 0x948311。

现在，假设你有一个名为 myPointer 的指针变量，它包含的不是一个常规的数据值，而是内存地址 0x948311，也就是整数变量 iResult 的内存地址。内存地址 0x948311 包含的值是 75，这意味着，名为 myPointer 的指针变量间接地指向了值 75。这个概念叫做间接引用（indirection），这是一个基本的指针概念。

提示

如果你阅读完第 6 章，应该已经使用过指针了，但那时你可能还没有意识到指针。数组名就是指向数组开始处的一个指针。

7.1.1　声明和初始化指针变量

必须先声明指针变量，然后才能够使用它，如下面的代码所示：

```
int x  =  0;
int iAge =  30;
int *ptrAge;
```

直接在变量名的前面放置一个间接引用运算符（*），以声明一个指针。在前面的示例中，我声明了 3 个变量，两个整数变量和一个指针变量。为了保持可读性，我使用了命名惯例 ptr 作为前缀。这能够帮助我和其他的程序员识别出这个变量是一个指针。

技巧

尽管使用一个命名惯例（例如 ptr）在技术上并非是必需的，但这么做会帮助你标识出变量的数据类型，如果可能的话，还可以识别变量的作用。

当声明指针 ptrAge 的时候，我告诉 C 编译器，想要让这个指针变量能够间接地指向一个整数数据类型。然而，我的指针变量还并没有指向任何内容。

要通过指针间接地引用一个值，必须将一个地址赋给指针，如下所示：

```
ptrAge = &iAge;
```

在这条语句中，我将 iAge 变量的内存地址赋值给了指针变量（ptrAge）。这个例子中的间接引用，是通过在变量 iAge 的前面放置一个一元运算符（&）来完成的。这条语句告诉 C，我们想要将 iAge 的内存地址分配给指针变量 ptrAge。

一元运算符（&）通常也叫做取址运算符，因为在这个例子中，指针 ptrAge 接受的是 iAge 的"地址"。

相反，我们可以将指针变量所指向的内容（一个非指针的数据）进行赋值，如下所示：

```
x = *ptrAge;
```

变量 x 现在包含了 ptrAge 所指向的整数值，在这个例子中，也就是整数值 30。

要更好地理解指针和间接引用是如何工作的，参见图 7.1。

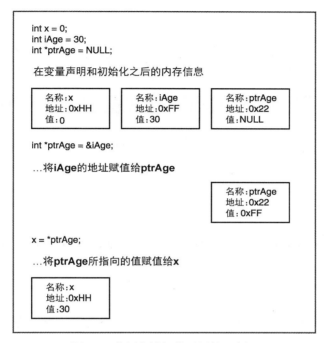

图 7.1 使用指针间接引用的示意图

没有初始化指针变量的话，将会导致无效的数据或者无效的表达式结果。应该总是使用另外一个变量的内存地址、0 或者是关键字 NULL，来初始化指针变量。下面的代码展示了几个有效的指针初始化：

```
int *ptr1;
int *ptr2;
int *ptr3;
ptr1 = &x;
ptr2 = 0;
ptr3 = NULL;
```

记住，在学习使用指针的第一步中，你只能给指针变量赋值内存地址、0 或者 NULL 值。考虑如下的示例，其中，我们尝试给指针赋值一个非地址值。

```
#include <stdio.h>

int main()
```

```
{
    int x  =  5;
    int *iPtr;
    iPtr =  5; //this is wrong
    iPtr =  x; //this is also wrong
    return 0;
}
```

你可以看到，我们试图将整数值 5 赋值给指针。这种类型的赋值会导致编译器错误，如图 7.2 所示。

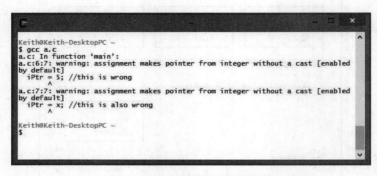

图 7.2　将非地址值赋值给指针

陷阱

如果把数字或字符这样的非地址值赋值给指针，而没有进行强制类型转换，将会导致编译时错误。

然而，你可以使用一个间接引用运算符（*）将非地址值赋值给指针，如下所示：

```
#include  <stdio.h>

int main()
{
    int x  = 5;
    int *iPtr;
    iPtr = &x;  //iPtr is assigned the   address of x
    *iPtr = 7; //the  value of x  is indirectly changed to 7
    return 0;
}
```

这个程序将变量 x 的内存地址赋值给指针变量（**iPtr**），然后，间接地将整数值 7 赋值给变量 x。

7.1.2　打印指针变量的内容

为了验证间接引用的概念，我们使用%p 转换修饰符打印出指针的内存地址和非指针变量。为了展示%p 转换修饰符的用法，我们来看看如下的程序。

```c
#include <stdio.h>

int main()
{
    int x = 1;
    int *iPtr;
    iPtr = &x;
    *iPtr = 5;

    printf("\n*iPtr = %p\n&x = %p\n", iPtr, &x);
    return 0;
}
```

我使用%p 转换修饰符打印出了指针和整数变量的内存地址。指针变量和整数变量包含了相同的内存地址（十六进制的格式），如图 7.3 所示。

图 7.3 用%p 转换修饰符打印出内存地址

下面的程序继续展示间接引用概念和%p 转换修饰符，其输出如图 7.4 所示。

```c
#include <stdio.h>

int main()
{
    int x = 5;
    int y = 10;
    int *iPtr = NULL;

    printf("\niPtr points to: %p\n", iPtr);

    //assign memory address of y to pointer
    iPtr = &y;
    printf("\niPtr now points to: %p\n", iPtr);

    //change the value of x to the value of y
    x = *iPtr;
```

```
    printf("\nThe value of x is now: %d\n", x);
    //change the value of y to 15
    *iPtr = 15;
    printf("\nThe value of y is now: %d\n", y);
    return 0;
}
```

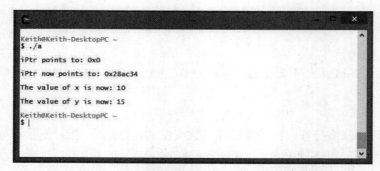

图 7.4　使用指针和赋值语句来展示间接引用

7.2　函数和指针

使用指针的最大好处就是能够按引用给函数传递参数。默认情况下，在 C 语言中，参数是按照值来传递的，这需要生成函数的传入参数的一个副本以供使用。根据传入参数的存储需求，这可能不是使用内存的最高效的方式。为了说明这一点，我们来看看如下的程序：

```
#include <stdio.h>

int addTwoNumbers(int, int);
int main()
{
    int x = 0;
    int y = 0; printf("\nEnter first number: ");
    scanf("%d", &x);
    printf("\nEnter second number: ");
    scanf("%d", &y);

    printf("\nResult is %d\n", addTwoNumbers(x, y));
    return 0;
} //end main

int addTwoNumbers(int x, int y)
{
```

```
    return x + y;
} //end addTwoNumbers
```

在这个程序中，我给一个 printf()函数中的 **addTwoNumbers** 函数传递了两个参数。这种类型的参数传递叫做按值传递（passing by value）。更具体地说，C 语言保留了额外的内存空间来生成变量 x 和 y 的一个副本，然后，将 x 和 y 的副本发送给函数作为参数。但这意味着什么呢？至少有两个重要的地方。

首先，按值传递参数对 C 编程来说并不是最高效的编程方法。生成两个整数变量的副本似乎没有太多的工作，但是，在现实世界中，C 程序员必须尽可能地将内存使用最小化。考虑一下嵌入式的电路设计，其中，内存资源是非常有限的。在这样的开发环境中，复制变量作为参数会有显著的影响。即便你没有为嵌入式电路编程，在按值传递大量的数据的时候，还是会发现性能降低（考虑一下包含大量信息的数组或数据结构，例如包含员工数据）。

其次，当 C 语言按值传递参数的时候，你不能够修改传入的参数的最初的内容。这是因为，C 语言生成了最初的变量的副本，因此，只会修改副本。这可能是好事，也可能是坏事。例如，你可能不想让接受参数的函数修改变量最初的内容，并且在这种情况下，按值传递参数是首选。甚至可以说，按值传递参数是程序员实现第 5 章所介绍的信息隐藏的一种方式。

为了进一步说明按值传递参数的概念，我们来看看如下的程序，其输出如图 7.5 所示。

```
#include <stdio.h>
void demoPassByValue(int);

int main()
{
    int x = 0;
    printf("\nEnter a number: ");
    scanf("%d", &x);

    demoPassByValue(x);

    printf("\nThe original value of x did not change: %d\n", x);
    return 0;
} //end main

void demoPassByValue(int x)
{
    x += 5;
    printf("\nThe value of x is: %d\n", x);
} //end demoPassByValue
```

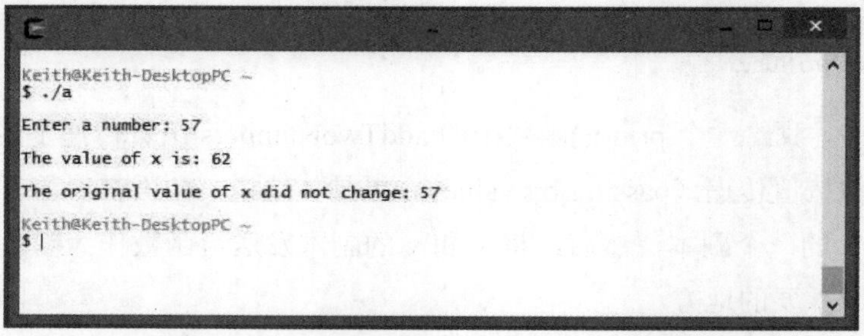

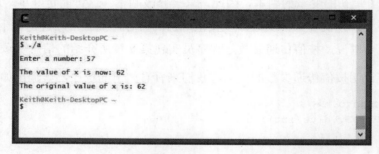

图 7.5　通过按值传递参数实现了信息隐藏

研究完代码之后，你可以看到，我试图通过将传入参数的值增加 5 来修改它。当我在 demoPassByValue 的 printf()函数中打印出参数的内容的时候，可以看到参数被修改了。然而，当从 main()函数打印出变量 x 的内容的时候，可以看到 x 实际上没有被修改。

为了解决这个问题，可以使用指针按照引用来传递参数。更具体的说，可以使用间接引用将变量（参数）的地址传递给函数，如下面的程序所示，其输出如图 7.6 所示。

图 7.6　使用间接引用的方式按引用传递参数

```c
#include <stdio.h>
void demoPassByReference(int *);

int main()
{
    int x = 0;

    printf("\nEnter a number: ");
    scanf("%d", &x);

    demoPassByReference(&x);

    printf("\nThe original value of x is: %d\n", x);
    return 0;
} //end main
```

```
void demoPassByReference(int *ptrX)
{
    *ptrX += 5;
    printf("\nThe value of x is now: %d\n", *ptrX);
} //end demoPassByReference
```

要按引用传递参数，需要注意和前面的程序中的一些细微的差别。首先，注意函数原型中的不同，如下所示：

```
void demoPassByReference(int *);
```

我通过在数据类型的后面放置间接引用运算符（*），告诉 C 编译器这个函数接受一个指针作为参数。下一个细微的区别是函数调用，我通过在变量 x 前面放置一元运算符（&），从而为该函数调用传递内存地址：

```
demoPassByReference(&x);
```

剩下的相关的间接引用动作，都是在函数实现中执行的，其中，我告诉函数头期待一个传入的参数（指针），它指向一个整数值。这就叫做按引用传递（passing by reference）：

```
void demoPassByReference(int *ptrX)
```

要修改参数的内容，我必须再次使用间接引用运算符（*），它告诉 C 编译器，我想要访问的内容，其内存地址就包含在这个指针变量之中。具体来说，我将最初的变量内容增加 5：

```
*ptrX += 5;
```

我在一个 printf()函数中使用间接引用运算符来打印出指针的内容：

```
printf("\nThe value of x is now: %d\n", *ptrX);
```

陷阱

在使用%d 转换修饰符显示一个数字的一条打印语句中，如果忘记了在一个指针之前使用间接引用运算符（*）的话，C 编译器会打印出指针地址的数字表示：

```
printf("\nThe value of x is now: %d\n", ptrX); //this is wrong
printf("\nThe value of x is now: %d\n", *ptrX); //this is right
```

到现在为止，你可能还有疑问，为什么需要在 scanf()函数中的变量之前放置一个&符号（也叫做取址运算符）。理由相当简单，取址运算符给 scanf()函数提供了一个内存地址，C 编译器应该将用户输入的数据写入到该地址。

7.3　给函数传递数组

你可能还记得，第 6 章介绍过，数组是一组连续的内存段，并且数组的名字本身就是一个指针，指向了连续的内存段的第 1 个内存位置。在 C 语言中，数组和指针是密切相关的。实际上，给一个指针传递一个数组名，就会将数组的第 1 个内存位置赋值给该指针变量。

　　为了展示这个概念，下面的程序创建并初始化了拥有 5 个元素的一个数组，声明了一个指针并用该数组名来初始化它。将一个指针初始化为一个数组名称，实际上是将数组的第 1 个地址保存到了指针中，如图 7.7 所示。

　　在初始化了指针之后，可以访问数组的第 1 个内存地址和数组的第 1 个元素：

```c
#include <stdio.h>

int main()
{
    int iArray[5] = {1,2,3,4,5};
    int *iPtr = iArray;

    printf("\nAddress of pointer: %p\n", iPtr);
    printf("First address of array: %p\n", &iArray[0]);
    printf("\nPointer points to: %d\n", *iPtr);
    printf("First element of array contains: %d\n", iArray[0]);
    return 0;
}
```

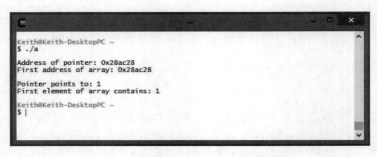

图 7.7　将数组的第 1 个地址赋值给指针

　　数组的名称包含了指向数组中的第 1 个元素的地址，了解了这一点，我们可以做出这样的推测，在把数组传递给函数的时候，可以将数组的名称当做一个指针一样对待。然而，在将数组传递给函数的时候，不需要处理一元运算符（&）和间接引用运算符（*）。更为重要的是，作为参数传递的数组，是自动地按引用的方式来传递的。这是一个重要的概念，应该再次强调一下。作为参数传递的数组，是按引用方式来传递的。

　　要将数组传递给一个函数，需要确定函数的原型和定义，以便让它接受一个数组作为参数。下面的程序展示了这一概念，它将一个字符数组传递给一个函数，该函数计算传入的字符串（字符数组）的长度，其输出如图 7.8 所示。

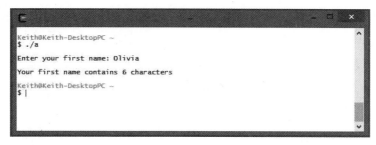

图 7.8 传递一个数组作为参数

```c
#include <stdio.h>
int nameLength(char []);

int main()
{
    char aName[20] = {'\0'};

    printf("\nEnter your first name: ");
    scanf("%s", aName);

    printf("\nYour first name contains ");
    printf("%d characters\n", nameLength(aName));
    return 0;
} //end main
int nameLength(char name[])
{
    int x = 0;
    while ( name[x] != '\0' )
        x++;
    return x;
} //end nameLength
```

可以在函数的参数列表中放置一个空的方括号，从而将函数原型编写为接受一个数组作为参数，如下所示：

```c
int nameLength(char []);
```

这个函数原型告诉 C 编译器，该函数期待一个数组作为参数。更具体地说，这个函数将接受数组的第 1 个内存地址。当调用这个函数的时候，我只需要传递数组名称，如下面的打印语句所示：

```c
printf("%d characters\n", nameLength(aName));
```

还要注意，在上面的程序中，在 scanf()函数中，我并没有在数组名称前使用取址运算符（&）。这是因为在 C 语言中，数组名称已经包含了内存地址，也就是数组中的第 1 个元素的地址。

这个程序很好地展示了如何传递数组作为参数，但是，它并没有很好地证明数组是按引用传递的。为了做到这一点，我们看看下面的程序，它使用按引用传递的方式修改了数组的内容，其输出如图 7.9 所示：

```
#include <stdio.h>
void squareNumbers(int []);

int main()
{
    int x;
    int iNumbers[3] = {2, 4, 6};

    printf("\nThe current array values are: ");
    for ( x = 0; x < 3; x++ )
        printf("%d ", iNumbers[x]); //print contents of array
    printf("\n");

    squareNumbers(iNumbers);
    printf("\nThe modified array values are: ");
    for ( x = 0; x < 3; x++ )
    printf("%d", iNumbers[x]); //print modified array contents printf("\n");
    return 0;
} //end main

void squareNumbers(int num[])
{
    int x;
    for ( x = 0; x < 3; x++ )
        num[x] = num[x] * num[x]; //modify the array contents
} //end squareNumbers
```

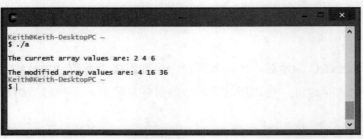

图 7.9　通过间接引用和给函数传递数组作为参数来修改数组的内容

7.4 const 限定符

你现在已经很好地理解了参数是以两种方式之一传递的：按值传递和按引用传递。当按值传递参数的时候，C 语言会生成参数的一个副本以供接受函数使用。这也叫做信息隐藏（information hiding），防止了对传入的参数的内容的直接修改，但是，当向函数传递较大的结构的时候，这会产生额外的负担。按引用传递参数则允许 C 程序员通过指针来修改参数内容。

有的时候，我们想要得到按引用传递参数的性能和速度，但又不想承担修改变量（参数）内容的风险。C 程序员可以使用 const 限定符来做到这一点。

你可能还记得，第 2 章介绍过，const 限定符允许你创建只读的变量。也可以将 const 限定符和指针结合起来使用，以实现一个只读的参数，而同时又实现按引用传递的能力。为了展示这一点，下面的程序给一个函数传递一个只读的整数类型的参数：

```c
#include <stdio.h>
void printArgument(const int *);

int main()
{
    int iNumber = 5;

    printArgument(&iNumber); //pass read-only argument
    return 0;
} //end main

void printArgument(const int *num) //pass by reference, but read-only
{
    printf("\nRead Only Argument is: %d ", *num);
}
```

记住，数组是按引用传递给函数的，你应该知道，函数的实现可能会修改最初的数组的内容。为了防止一个数组参数在函数中被修改，使用 const 限定符，如下面的程序所示：

```c
#include <stdio.h>
void printArray(const int []);

int main()
{
    int iNumbers[3] = {2, 4, 6};

    printArray(iNumbers);
    return 0;
```

```
}  //end main

void printArray(const int num[])  //pass by reference, but read-only
{
    int x;
    printf("\nArray contents are: ");
    for ( x = 0; x < 3; x++ )
        printf("%d ", num[x]);
}
```

正如上面的程序所示，可以使用 const 限定符将一个数组以只读的形式传递给一个函数。为了做到这一点，必须使用 const 关键告诉函数原型和函数定义，它应该期待一个只读的参数。

为了证明只读的概念，考虑下面的程序，它试图在函数中的一条赋值语句中修改只读的参数：

```
#include <stdio.h>
void modifyArray(const int []);

int main()
{
    int iNumbers[3] = {2, 4, 6};

    modifyArray(iNumbers);

    return 0;
} //end main

void modifyArray(const int num[])
{
    int x;
    for ( x = 0; x < 3; x++ )
    num[x] = num[x] * num[x]; //this will not work!
}
```

注意如图 7.10 所示的输出。C 编译器提醒我们有一个错误，因为试图修改一个只读的内存位置。

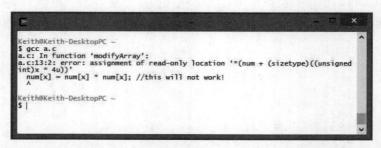

图 7.10　通过试图修改一个只读的内存位置，触发了一个编译器错误

概括来讲，const 限定符是一种不错的解决方案，可以使得在按引用传递环境中的参数内容得到安全保证。

7.5 本章程序：Cryptogram

本章的程序 Cryptogram 用到了我们目前为止所学到和指针、数组以及函数相关的很多技术，如图 7.11 所示。然而，在继续介绍程序代码之前，我们先介绍一些有关密码和加密的基本知识，以帮助你更好地理解本章的程序的目的和应用。

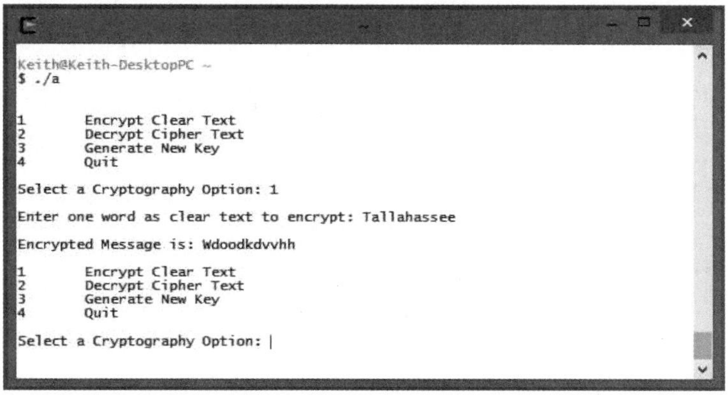

```
Keith@Keith-DesktopPC ~
$ ./a

1       Encrypt Clear Text
2       Decrypt Cipher Text
3       Generate New Key
4       Quit

Select a Cryptography Option: 1

Enter one word as clear text to encrypt: Tallahassee

Encrypted Message is: Wdoodkdvvhh

1       Encrypt Clear Text
2       Decrypt Cipher Text
3       Generate New Key
4       Quit

Select a Cryptography Option: |
```

图 7.11　本章程序 Cryptogram，给函数传递数组以加密和解密一个单词

7.5.1 加密简介

加密（encryption）是密码学（cryptography）技术和科学的一个分支。和计算机程序设计领域一样，密码和加密也有很多的专用术语、定义和技术。在继续介绍之前，我们先给出一些常用定义的列表：

- 密码学（cryptography）——保护和隐藏消息的技术和科学。

- 密文（cipher text）——通过应用加密算法来隐藏的一条消息。

- 明文（clear text）——人们能够读懂的普通文本或消息。

- 密码电文（cryptogram）——一段加密或受保护的消息。

- 密码员（cryptographer）——负责加密或保护消息的一个人或专家。

- 加密（encryption）——将明文转换为密文的过程。

- 解密（decryption）——将密文转换为明文的过程，通常涉及已知的密钥或公式。

- 密钥（key）——用于解密一条加密的消息的公式。

加密技术已经应用了数百年，但是，直到互联网和计算机时代的降临，它才得到了前所未有的公众关注。

计算机给每个人都带来了一种新的焦虑，不管是在它保护你用于互联网购物的信用卡信息方面，还是在确保你的家用 PC 上的数据的安全可靠方面。

好在，有很多的好人尝试研究计算机科学、数学和密码学的恰当融合，以便为私有的和敏感的数据构建安全的系统。这些好人通常是一些计算机公司或者计算机专业人士，他们试图通过使用加密来确保数据难以理解或者至少不可读，从而缓解人们的焦虑情绪。

简而言之，加密使用了很多的技术将人类可读的信息（称为明文）转换为不可读的或晦涩的消息（称为密文）。加密后的消息，通常是使用相同的密钥或算法来加锁或解锁的。用于加锁或解锁安全消息的密钥（或密码），可以存储在加密的消息自身之中，或者和外部来源结合使用，例如账户号码和密码的结合。

加密任何消息的第 1 步，是创建一个加密算法。本节将要讨论的一种过度简化的加密算法，是一种叫做移位 n（shift by n）的技术或算法，它用于改变消息的外形或含义。移位 n 算法实际上是将每一个字符按照一定数目的增量来向上或向下移动。例如，可以通过将每个字符移动 2 个字母，从而加密如下的消息：

```
Meet me at seven
```

将每个字符移动 2 个字母后，得到如下的结果：

```
Oggv og cv ugxgp
```

移位 n 算法的关键是在移位中使用的数字（即其中的 n）。没有这个密钥，很难解开加密后的消息。这真的很简单！当然，这肯定不是 CIA 用来给间谍传递数据或消息的一种加密算法，但是，你是可以使用它的。

只有在密钥安全的情况下，加密算法才是好的。为了说明这一点，请考虑一个例子，你的房子锁好了，在某一个未经授权的人获取你的钥匙之前，它都是安全的。即便你使用的是能够买到的最好的锁，当一个不受欢迎的人拿到了开锁的钥匙的时候，这把锁也无法提供安全性。

在下一节中，我们将使用 C 语言、ASCII 字符集以及移位 n 算法，通过加密算法和加密密钥来编写自己的简单的加密过程。

7.5.2 编写 Cryptogram 程序

使用加密概念的入门知识，你可以很容易地用 C 语言编写一个加密程序，它使用移位 n 算法来生成一个密钥，并且能够加密和解密一条消息。

程序提示用户选择加密一条消息、解密一条消息或生成一个新的密钥，如图 7.11 所示。当生成了一个新的密钥的时候，加密算法使用这个新的密钥来将消息的每一个字母移动 n 位，这个 n 是通过选择 Generate New Key 选项生成的一个随机数。相同的秘钥再次用来解密这条消息。

如果你在加密一条消息之后生成一个新的密钥，那么，你就不可能再次解密之前加密过的消息了。这说明了，加密过程的两端都知道加密密钥，这一点是很重要的。

Cryptogram 程序的所有代码如下所示：

```c
#include <stdio.h>
#include <stdlib.h>
#include <time.h>

//function prototypes
void encrypt(char [], int);
void decrypt(char [], int);

int main()
{
    char myString[21] = {0};
    int iSelection = 0;
    int iRand;
    srand(time(NULL));
    iRand = (rand() % 4) + 1; // random #, 1-4
    while ( iSelection != 4 ) {
        printf("\n\n1\tEncrypt Clear Text\n");
        printf("2\tDecrypt Cipher Text\n");
        printf("3\tGenerate New Key\n");
        printf("4\tQuit\n");
        printf("\nSelect a Cryptography Option: ");
        scanf("%d", &iSelection);
        switch (iSelection) {
        case 1:
            printf("\nEnter one word as clear text to encrypt: ");
            scanf("%s", myString);
            encrypt(myString, iRand);
```

```
                    break;
            case 2:
                printf("\nEnter cipher text to decrypt: ");
                scanf("%s", myString);
                decrypt(myString, iRand);
                break;
            case 3:
                iRand = (rand() % 4) + 1; // random #, 1-4
                printf("\nNew Key Generated\n");
                break;
        } //end switch
    } //end loop
    return 0;
} //end main

void encrypt(char sMessage[], int random)
{
    int x = 0;
//encrypt the message by shifting each character's ASCII value
    while ( sMessage[x] ) {
        sMessage[x] += random;
        x++;
    } //end loop
    x = 0;
    printf("\nEncrypted Message is: ");
//print the encrypted message
    while ( sMessage[x] ) {
        printf("%c", sMessage[x]);
        x++;
    } //end loop
} //end encrypt function
void decrypt(char sMessage[], int random)
{
    int x = 0; x = 0;

//decrypt the message by shifting each character's ASCII value
    while ( sMessage[x] ) {
        sMessage[x] = sMessage[x] - random;
        x++;
    } //end loop
    x = 0;
    printf("\nDecrypted Message is: ");

//print the decrypted message
    while ( sMessage[x] ) {
        printf("%c", sMessage[x]);
```

```
    x++;
  } //end loop
} //end decrypt function
```

7.6 本章小结

- 指针是特殊的变量，其中包含了指向另一个变量的内存地址。

- 在变量名的前面放置一个间接引用运算符（*），就可以声明一个指针。

- 一元运算符（&）通常称为取址运算符。

- 总是使用另一个变量的地址、0 或关键字 NULL 来初始化一个指针变量。

- 可以使用%p 转换修饰符来打印出指针的内存地址。

- 默认情况下，在 C 语言中，参数是按值传递的，这涉及生成传入的参数的一个副本以供函数使用。

- 可以使用指针来按引用传递参数。

- 给一个指针传递一个数组名称，会将该数组的第 1 个内存位置传递给该指针变量。类似的，将一个指针初始化为一个数组名称，会将数组的第 1 个地址存储到指针中。

- 可以将 const 限定符和指针结合起来使用，从而实现一个只读的参数，同时仍然能够实现按引用传递。

7.7 编程挑战

1. 编写一个程序，它执行如下的操作：

- 声明如下 3 个指针变量：类型为 int 的 iPtr，类型为 char 的 cPtr 和类型为 float 的 fFloat；

- 声明 3 个新的变量：int 类型的 iNumber，float 类型的 fNumber 和 char 类型的 cCharacter；

- 将每一个非指针变量的地址分配给相应的指针变量；

- 打印出每一个非指针变量的值；

- 打印出每一个指针变量的值；

- 打印出每一个非指针变量的地址；

- 打印出每一个指针变量的地址。

2．编写一个程序，允许用户选择如下的 4 个菜单选项之一：

- Enter New Integer Value

- Print Pointer Address

- Print Integer Address

- Print Integer Value

对于这个程序，你需要创建两个变量，一个整数数据类型和一个指针。使用间接引用操作，通过一个相应的指针，将用户输入的任何新的整数值赋值。

3．编写一个摇骰子游戏。游戏应该允许用户每次摇动 6 个骰子。每次摇骰子都会存储一个包含 6 个元素的整数数组。在 main()函数中创建这个数组，并且将其传递给一个名为 TossDie()的新函数。TossDie()函数将会负责生成从 1 到 6 的随机数，并且将其赋值给相应的数组元素编号。

4．修改 Cryptogram 程序，以使用一种不同类型的密钥系统或算法。考虑使用用户定义的一个密钥或者一个不同的字符集。

第 8 章
字符串

字符串使用了我们在本书中已经学过的很多概念，例如函数、数组和指针。本章介绍如何在 C 程序中编写和使用字符串，还介绍了字符串与指针和数组的密切关系。本章还介绍用于操作、转换和搜索字符串的很多常用库函数，包括以下内容：

- 字符串简介；

- 读取和打印字符串；

- 字符串数组；

- 将字符串转换为数字；

- 操作字符串；

- 分析字符串；

- 本章程序：Word Find。

8.1 字符串简介

字符串是一组字母、数字和很多其他的字符。C 程序员可以使用一个字符数组和一个结束的 Null 字符，来创建并初始化一个字符串，如下所示：

```
char  myString[5] = {'M', 'i', 'k', 'e', '\0'};
```

图 8.1 描述了这个声明的字符数组。

陷阱

当创建字符数组的时候，为 NULL 字符分配足够的空间是很重要的，因为很多 C 库函数在处理字符数组的时候，会查找这个 NULL 字符。如果没有找到 Null 字符，一些库函数无法得到预期的结果。

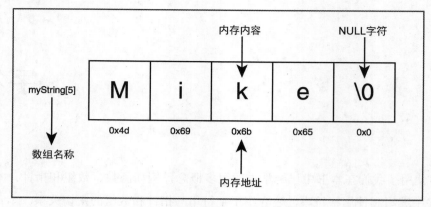

图 8.1　描述一个字符数组

　　你也可以使用一个字符串字面值来创建和初始化 myString 变量。字符串字面值是用引号括起来的一组字符，如下所示：

```
char myString[] = "Mike";
```

　　像上面的代码这样，将一个字符串字面值赋值给一个字符数组，会创建所需的那么多个内存元素，在这个例子中，是包括 NULL 在内的 5 个字符。

　　我们知道，字符串从逻辑上讲就是字符的数组，但是，知道字符串是实现为指向一个内存段的指针，同样也是重要的。更具体地讲，字符串名称实际上只是指向字符串中的第 1 个字符的内存地址的指针。

　　为了说明这一思路，考虑如下的程序语句：

```
char  *myString = "Mike";
```

　　这条语句声明了一个指针变量，并且把字符串字面值"Mike"赋值给指针变量 myString 所指向的第 1 个以及后续的内存位置。换句话说，指针变量 myString 指向了字符串"Mike"的第 1 个字符。

　　为了进一步展示这一概念，我们看看如下的程序，它展示了如何通过指针来引用字符串，并且像遍历数组一样来遍历字符串，其输出如图 8.2 所示。

```
#include <stdio.h>

int main()
{
    char *myString = "Mike";
    int x;
```

```
    printf("\nThe pointer variable's value is: %p\n", *myString);
    printf("\nThe pointer variable points to: %s\n", myString);
    printf("\nThe memory locations for each character are: \n\n");

    //access & print each memory address in hexadecimal format
    for ( x = 0; x < 5; x++ )
        printf("%p\n", myString[x]);
    return 0;
} //end main
```

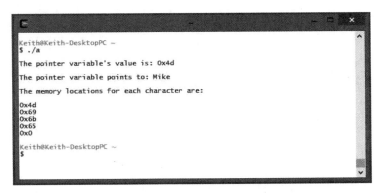

图 8.2　使用指针和字符数组来创建、操作和打印字符串

字符串是数据类型吗?

在诸如 Visual Basic 这样的高级语言中，有时候会认为字符串的概念是理所当然的。这是因为，很多高级语言将字符串实现为一种数据类型，就像一个整数或双精度浮点数一样。实际上，你可能会认为（或者至少希望）C 语言也包含一种字符串类型，如下所示:

```
str myString = "Mike"; //not possible, no such data type
string myString = "Mike"; //not possible, no such data type
```

C 语言并没有将字符串实现为一种数据类型;相反，C 字符串是简单的字符数组。

图 8.3 进一步描述了字符串是指针的意义。

在研究了上面的程序和图 8.3 后，你就明白了指针变量 myString 是如何包含了一个内存地址（以十六进制的形式打印出来）的值的，而这个地址指向了字符串"Mike"中的第 1 个字符，后面跟着后续的字符，最后是一个 NULL 表示字符串结束。

在后面的几个小节中，我们将继续研究字符串及其用法，包括学习如何使用新的和旧的 C 库函数及其相关的函数，来处理字符串 I/O，以及转换、操作和搜索字符串。

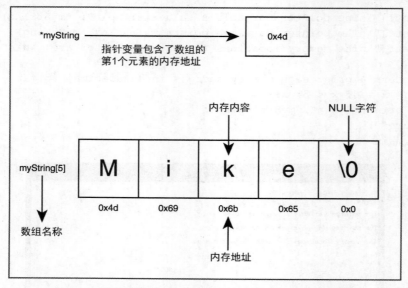

图 8.3 使用指针、内存地址和字符来展示如何组合字符串

8.2 读取和打印字符串

第 6 章针对如何读取和打印数组内容给出了一个概览。要读取和打印一个字符串数组，使用%s 转换修饰符，如下面的程序所示：

```
#include <stdio.h>

int main()
{
    char color[12] = {'\0'};

    printf("Enter your favorite color: ");
    scanf("%s", color);
    printf("\nYou entered: %s", color);
    return 0;
} //end main
```

上面的程序展示了使用初始化和分配内存的方式（char color[12] = {'\0'};），将一个字符串读取到一个字符数组中，但是，要从标准输入中读取字符串而又不知道字符串的长度，该怎么办呢？很多 C 语言的图书忽视了这一点。很自然的，假设你可以使用标准库的 scanf()函数，来从标准输入捕获字符串输入并将其赋值给一个变量：

```
#include <stdio.h>
```

```
int main()
{
    char *color;

    printf("\nEnter your favorite color: ");
    scanf("%s", color); //this will NOT work!
    printf("\nYou entered: %s", color);
    return 0;
} //end main
```

遗憾的是，这个程序可能无法工作，它能够编译，但是由于 scanf()写入到一个未定义的内存区域中，程序的执行可能在某一次成功了，而在另一次执行的时候导致了一个内存段错误，即便是操作系统防止了由此产生一次崩溃。

之所以发生这个问题，是因为我们不仅必须将字符串声明为指向一个字符的指针，而且还必须要为其分配内存。还记得吧，当第 1 次创建字符串的时候，字符串只不过是指向无效内容的一个指针。此外，当 scanf()函数试图将数据分配给一个指针的位置的时候，程序无法正确地工作，因为还没有正确地分配内存。

现在，应该直接使用已经初始化的、分配了足够的内存的字符数组，来从标准输入读取字符串。在第 10 章中，我们将介绍如何将来自标准输入的数据分配给字符串（指针变量）。

8.3 字符串数组

现在，我们知道了字符串是指针，并且从某种抽象的意义上讲，字符串是字符的数组。那么，如果需要一个字符串数组，你需要一个二维数组还是一个一维数组呢？正确的答案是，都需要。你可用一个一维指针的数组创建一个字符串数组，或者可以创建一个二维指针数组，允许 C 语言为每个字符数组保留足够的内存。

为了展示如何使用一个类型为 char 的一维的指针数组来创建一个字符串数组，请研究如下的程序，其输出如图 8.4 所示。

```
#include <stdio.h>

int main()
{
    char *strNames[5] = {0};
    char answer[80] = {0};
    int x;
    strNames[0] = "Michael";
```

```
    strNames[1] = "Sheila";
    strNames[2] = "Spencer";
    strNames[3] = "Hunter";
    strNames[4] = "Kenya";

    printf("\nNames in pointer array of type char:\n\n");
    for ( x = 0; x < 5; x++ )
        printf("%s\n", strNames[x]);
    return 0;
} //end main
```

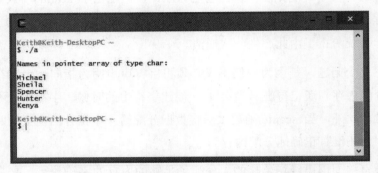

图 8.4　用一个字符指针数组来打印出字符串

　　在上面的程序中，重要的是要注意，这个字符串数组实际上是一个字符指针的数组。C语言能够将数组中的每一个元素都当做一个字符串对待，因为我使用了字符字面值，C 语言将其存储到受保护的内存中。

　　模拟一个字符串数组的另一种方式是，使用类型为 char 的一个二维指针数组，如下面的程序所示：

```
#include <stdio.h>

int main()
{
    char *colors[3][10] = {'\0'};

    printf("\nEnter 3 colors separated by spaces: ");
    scanf("%s %s %s", colors[0], colors[1], colors[2]);

    printf("\nYou entered: ");
    printf("%s %s %s\n", colors[0], colors[1], colors[2]);
    return 0;
}
```

　　在上面的程序中，我声明了一个 3×10 的二维字符数组，它保留了足够容纳 30 个字符的内存。注意，当引用一个单个的字符串的时候，我只需要告诉 C 语言引用字符数组中的每个元素的第 1 维。只要我在第 2 维中分配了足够的元素，就可以很容易地使用 scanf() 来抓取用户输入的文本。在第 10 章中，我将介绍如何抓取连续的内存部分而不必事先在一个数组中分配它。

8.4 将字符串转换为数字

在处理 ASCII 字符的时候，如何区分数字和字母？答案包含两部分。首先，程序员将相似的字符赋值给各种数据类型，例如字符（char）和整数（int），以区别数字和字母。这是区分数据类型的一种直接而便于理解的方法。但是，当程序员需要将数据从一种类型转换为另一种类型的时候，几乎没什么确定性了。例如，有时候，需要将一个字符串转换为一个数字。

好在，C 标准库 stdlib.h 提供了几个函数，可以将字符串转换为数字。如下是两个最常用的字符串转换函数：

- atof——将一个字符串转换为一个浮点数；

- atoi——将一个字符串转换为一个整数。

下面的程序展示了这两个函数，其输出如图 8.5 所示：

```
#include <stdio.h>
#include <stdlib.h>

int main()
{
    char *str1 = "123.79";
    char *str2 = "55";
    float x;
    int y;

    printf("\nString 1 is \"%s\"\n", str1);
    printf("String 2 is \"%s\"\n", str2);

    x = atof(str1);
    y = atoi(str2);
    printf("\nString 1 converted to a float is %.2f\n", x);
    printf("String 2 converted to an integer is %d\n", y);
    return 0;
} //end main
```

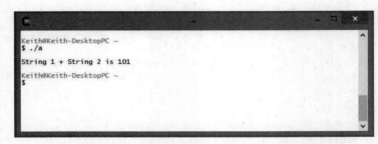

图 8.5　将字符串字面值转换为数字类型 float 和 int

技巧

当打印到标准输出的时候，字符串不会自动用引号括起来，如图 8.5 所示。如果你需要显式地打印出引号，可以使用转换修饰符来做到这一点，更具体的说，是在 printf()函数中使用\"转换修饰符，如下所示：

```
printf("\nString 1  is \"%s\"\n", str1);
```

你可能会问，为什么字符转换如此重要。好吧，试图在字符串上执行数字算术，可能会导致不可预期的结果，如下面的程序所示，其结果如图 8.6 所示。

```
#include <stdio.h>

int main()
{
    char *str1 = "37";
    char *str2 = "20";
    //produces invalid results
    printf("\nString 1 + String 2 is %d\n", *str1 + *str2);
    return 0;
} //end main
```

图 8.6　没有将字符串转换为数字，导致无效的算术结果

在前面的代码中，我试图使用%d 转换修饰符来转换结果（%d 是十进制整数的转换修饰

符）。然而，要将字符串或字符数组转换为数字，这是不够的，如图 8.6 所示。

为了修正这个问题，我们可以使用字符串转换函数，如下面的程序所示，其输出如图 8.7 所示。

```c
#include <stdio.h>

int main()
{
    char *str1 = "37";
    char *str2 = "20";
    int iResult;

    iResult = atoi(str1) + atoi(str2);

    printf("\nString 1 + String 2 is %d\n", iResult);
    return 0;
} //end main
```

图 8.7　使用 atoi 函数将字符串转换为数字

8.5　操作字符串

程序员的一种常见的做法是操作字符串，例如，将一个字符串复制到另一个字符串中，以及将字符串彼此连接起来。要将字符串转换为全部小写或者全部大写，这也是很常见的，当比较一个字符串和另一个字符串的时候，这一点很重要。在本节中，我将介绍如何执行这些字符串操作。

8.5.1　strlen()函数

字符串长度函数（strlen()）是字符串处理库<string.h>的一部分，并且它很容易理解和使用。strlen()接受字符串的一个引用，并且返回字符串到 NULL 或终止字符的长度，但是长度不会把 NULL 字符计算在内。

下面的程序展示了 strlen()函数，其输出如图 8.8 所示：

```c
#include <stdio.h>
#include <string.h>

int main()
{
    char *str1 = "Michael";
    char str2[] = "Vine";

    printf("\nThe length of string 1 is %d\n", strlen(str1));
    printf("The length of string 2 is %d\n", strlen(str2));
    return 0;
} // end main
```

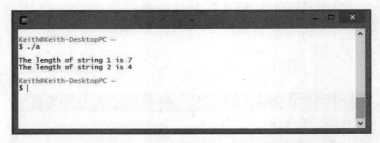

图 8.8　使用 strlen()函数来确定字符串的长度

8.5.2　tolower()和 toupper()函数

将字符串转换为全部大写或全部小写的一个重要原因是，要进行字符串的比较、

字符处理库<ctype.h>提供了很多字符操作函数，例如 tolower()和 toupper()。这些函数提供了一种很容易的方式，来将单个的字符转换为大写或小写（注意，我说的是单个字符）。

要将整个字符串转换为全部大写或全部小写，还需要一些更艰难的工作。

一个解决方案是，编写自己的用户定义函数，通过循环遍历字符串中的每一个字符，使用 strlen()函数来确定何时停止循环，并且用 tolower()和 toupper()函数将每一个字符都转换为小写或大写的。下面的程序展示了这个解决方案，它使用了两个用户定义的函数，当然还使用了字符处理函数 tolower()和 toupper()，将我的名字转换为全部小写的，并且将我的姓氏转换为全部大写的。程序的输出如图 8.9 所示：

```c
#include <stdio.h>
#include <ctype.h>
#include <string.h>

//function prototypes
void convertL(char *);
```

```
void convertU(char *);

int main()
{
    char name1[] = "Michael";
    char name2[] = "Vine";

    convertL(name1);
    convertU(name2);
    return 0;
} //end main

void convertL(char *str)
{
    int x;
        for ( x = 0; x <= strlen(str); x++ ) str[x] = tolower(str[x]);
            printf("\nFirst name converted to lower case is %s\n", str);
} // end convertL

void convertU(char *str)
{
    int x;
    for ( x = 0; x <= strlen(str); x++ )
        str[x] = toupper(str[x]);
    printf("Last name converted to upper case is %s\n", str);
} // end convertU
```

图 8.9 使用 tolower()和 toupper()函数操作字符数组

8.5.3 strcpy()函数

strcpy()函数将一个字符串的内容复制到另一个字符串。你可能能够想象到，它接受两个参数，并且使用起来也很直接。下面的程序展示了其用法，程序的输出如图 8.10 所示：

```
#include <stdio.h>
#include <string.h>
```

```
int main()
{
    char str1[11];
    char *str2 = "C Language";

    printf("\nString 1 now contains %s\n", strcpy(str1, str2));
    return 0;
} // end main
```

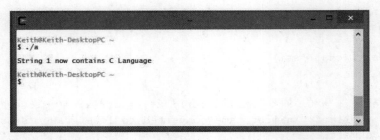

图 8.10　使用函数 strcpy()将一个字符串复制到另一个字符串的输出结果

strcpy()函数接受两个字符串作为参数。第 1 个参数是要复制到的目标字符串，第 2 个字符串要被复制的源字符串。在将 str2（第 2 个参数）复制到 str1（第 1 个参数）之中后，strcpy()函数返回 str1 的值。

注意，我将第 1 个字符串（str1）声明为一个字符数组，而不是一个 char 类型的指针。此外，我还给了这个字符数组 11 个元素，以处理数字字符加上一个 NULL 字符。不能将数据赋值给一个事先没有分配内存的空字符串。我将会在第 10 章进一步讨论这一点。

8.5.4　strcat()函数

另一个有趣的并且有时候很有用的字符串库函数是 strcat()，它将一个字符串连接到另一个字符串。

提示

连接是将一个或多个数据片段连到一起。

和 strcpy()函数一样，strcat()函数接受两个字符串参数，如下面的程序所示：

```
#include <stdio.h>
#include <string.h>

int main()
{
```

```
char str1[40] = "Computer Science ";
char str2[] = "is applied mathematics";

printf("\n%s\n", strcat(str1, str2));
return 0;
} // end main
```

第 2 个字符串参数（str2）将会连接到第 1 个字符串参数（str1），如图 8.11 所示。在连接了两个字符串之后，strcat()函数返回 str1 中的值。注意，在 str1 "Computer Science"的末尾，我必须包含一个空格，因为 strcat()并不会在两个合并的字符串之间添加一个空格。

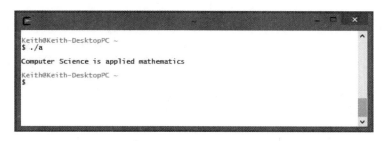

图 8.11　使用 strcat()函数将字符串连接起来

8.6　分析字符串

在下面的几个小节中，我将介绍字符串处理库的另外几个函数，它们使你能够执行各种字符串分析。更具体地说，我们将学习如何比较两个字符串是否相等，或者在字符串中搜索字符。

8.6.1　strcmp()函数

strcmp()是一个有趣且有用的函数，它主要用于比较两个字符串的相等性。比较字符串实际上是计算机之中和计算机之外经常采用的过程。为了说明这一点，考虑一个较早的图书卡片目录系统，它使用人力来根据各种关键字（作者名、ISBN、书名等等）排序特殊索引。大多数现代图书馆现在都依赖于计算机系统和软件，将卡片目录系统的数据排序过程自动化。记住，计算机并不知道字母 A 比字母 B 大，或者说，较好一点的情况是，计算机知道惊叹号（!）要比字母 A 小。为了区分字符，计算机系统依赖诸如 ASCII 字符编码系统这样的字符代码。

使用字符编码系统，程序员就可以编写排序软件来比较字符串（字符）。此外，C 程序员可以使用内建的字符串处理函数，例如 strcmp()，来完成相同的任务。为了证明这一点，研究下面的程序，其输出如图 8.12 所示：

```c
#include <stdio.h>
#include <string.h>

int main()
{
    char *str1 = "A";
    char *str2 = "A";
    char *str3 = "!";

    printf("\nstr1 = %s\n", str1);
    printf("\nstr2 = %s\n", str2);
    printf("\nstr3 = %s\n", str3);
    printf("\nstrcmp(str1, str2) = %d\n", strcmp(str1, str2));
    printf("\nstrcmp(str1, str3) = %d\n", strcmp(str1, str3));
    printf("\nstrcmp(str3, str1) = %d\n", strcmp(str3, str1));

    if ( strcmp(str1, str2) == 0 )
        printf("\nLetter A is equal to letter A\n");
    if ( strcmp(str1, str3) > 0 )
        printf("Letter A is greater than character !\n");
    if ( strcmp(str3, str1) < 0 )
        printf("Character ! is less than letter A\n");
    return 0;
} // end main
```

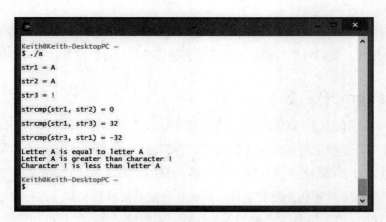

图 8.12   使用 strcmp()函数比较字符串

strcmp()函数接受两个字符串作为参数，并且使用相应的字符编码来比较它们。在比较了两个字符串之后，strcmp()函数返回一个单个的数字值，表明第 1 个字符串是等于、小于或大于第 2 个字符串。表 8.1 进一步详细地说明了 strcmp()函数的返回值。

表 8.1　strcmp()函数的返回值和说明

示例函数	返回值	说明
strcmp(string1, string2)	0	string1 等于 string2
strcmp(string1, string2)	<0	string1 小于 string2
strcmp(string1, string2)	>0	string1 大于 string2

8.6.2　strstr()函数

strstr()函数对于分析两个字符串来说是一个有用的函数。具体来说，strstr()函数接受两个字符串作为参数，并且在第 1 个字符串中搜索第 2 个字符串的出现。下面的程序展示了这种搜索功能，并且其输出如图 8.13 所示。

```c
#include <stdio.h>
#include <string.h>

int main()
{
    char *str1 = "Analyzing strings with the strstr() function";
    char *str2 = "ing";
    char *str3 = "xyz";

    printf("\nstr1 = %s\n", str1);
    printf("\nstr2 = %s\n", str2);
    printf("\nstr3 = %s\n", str3);

    if ( strstr(str1, str2) != NULL )
        printf("\nstr2 was found in str1\n");
    else
        printf("\nstr2 was not found in str1\n");

    if ( strstr(str1, str3) != NULL )
        printf("\nstr3 was found in str1\n");
    else
        printf("\nstr3 was not found in str1\n");
    return 0;
} // end main
```

从上面的程序中可以看到，strstr()函数接受两个字符串作为参数。strstr()函数在第 1 个参数中搜索第 2 个参数的第 1 次出现。如果在第 1 个参数的字符串中找到了第 2 个参数的字符串，strstr()函数返回一个指针，指向了第 1 个参数中的字符串。否则的话，它返回 NULL。

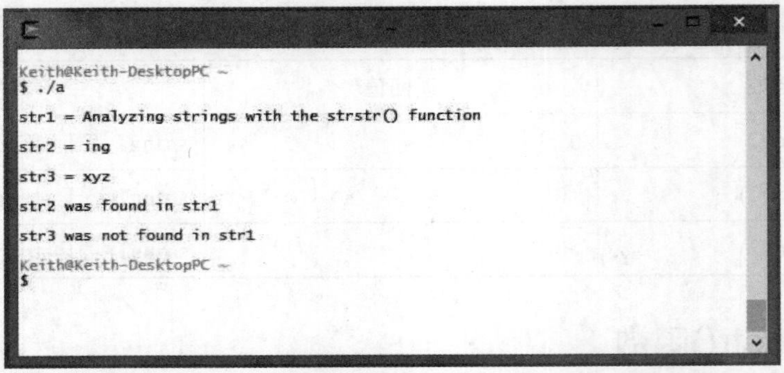

图 8.13　使用 strstr()函数在一个字符串中搜索另一个字符串

8.7　本章程序：Word Find

Word Find 是一个相当简单的程序，它使用字符串以及本章介绍的很多其他的概念，创建了一个有趣而容易玩的游戏。具体来说，它使用了数组、操作字符串的函数和分析字符串的函数来编写一个游戏。Word Find 让用户在貌似有意义的文本中查找一个单词（如图 8.14 所示）。编写 Word Find 游戏所需的所有代码如下所示。

图 8.14　使用本章中的概念来编写 Word Find 游戏

陷阱

如果 Word Find 给你一个错误的声明，说没有找到 clear 命令，请回到 Cygwin 的安装过程并且安装 ncurses 包，这个包在 Utils 分类下。ncurses 包中包含了 clear.exe 和其他的终端显示工具。

```
#include <stdio.h>
#include <string.h>
#include <time.h>
#include <stdlib.h>
#include <ctype.h>

//function prototypes
```

```
void checkAnswer(char *, char []);
int main()
{
char *strGame[5] = {"ADELANGUAGEFERVZOPIBMOU",
                    "ZBPOINTERSKLMLOOPMNOCOT",
                    "PODSTRINGGDIWHIEEICERLS",
                    "YVCPROGRAMMERWQKNULTHMD",
                    "UKUNIXFIMWXIZEQZINPUTEX"};
    char answer[80] = {0};
    int displayed = 0;
    int x;
    int startTime = 0;
    system("clear");

    printf("\n\n\tWord Find\n\n");
    startTime = time(NULL);

    for ( x = 0; x < 5; x++ ) {
        /* DISPLAY TEXT FOR A FEW SECONDS */
        while ( startTime + 3 > time(NULL) ) {
            if ( displayed == 0 ) {
                printf("\nFind a word in: \n\n");
                printf("%s\n\n", strGame[x]);
                displayed = 1;
            } //end if
        } //end while loop

    system("clear");
    printf("\nEnter word found: ");

    gets(answer);
    checkAnswer(strGame[x], answer);

    displayed = 0;
    startTime = time(NULL);
} //end for loop
    return 0;
} //end main

void checkAnswer(char *string1, char string2[])
{
int x;
/* Convert answer to UPPER CASE to perform a valid comparison*/
for ( x = 0; x <= strlen(string2); x++ )
    string2[x] = toupper(string2[x]);
if ( strstr( string1, string2 ) != 0 && string2[0] != 0 )
```

```
    printf("\nGreat job!\n");
else
    printf("\nSorry, word not found!\n");
} //end checkAnswer
```

8.8 本章小结

- 字符串是字母、数字和很多其他字符的组合。

- C 程序员可以使用一个字符数组和一个终结的 NULL 字符来创建和初始化一个字符串。

- 将一个字符串字面值赋值给一个字符串数组，从而创建所需的数目的内存元素，其中包含 NULL 字符。

- 字符串字面值是双引号括起来的一系列的字符。

- 可以使用 printf()函数和%s 转换修饰符把一个字符串打印到标准输出。

- 一个字符串数组实际上就是字符指针的一个数组。

- atof()函数将一个字符串转换为一个浮点数。

- atoi()函数将一个字符串转换为一个整数。

- 试图在字符串上执行数字算术可能会导致意外的结果。

- strlen()函数接受对字符串的一个引用，并且返回到 NULL（终结字符）的字符串长度，但是，长度不包含 NULL 字符。

- tolower()和 toupper()函数分别用于将一个单个的字符转换为小写或大写。

- strcpy()函数将一个字符串的内容复制到另一个字符串。

- strcat()函数将一个字符串和另一个字符串连接起来。

- strcmp()函数用于比较两个字符串是否相等。

8.9 编程挑战

1. 编写一个程序，它执行如下的功能：

- 使用字符数组从标准输入读取一个用户的名字；

- 告诉用户他的名字中有多少个字符；

- 用大写字母显示用户的名字。

2．编写一个程序，它使用函数来搜索字符串"When the going gets tough, the tough stay put!"中是否有如下的字符串（将所找到的每一次出现都显示到标准输出）：

- "Going"

- "tou"

- "ay put!"

3．编写一个程序，它使用字符串的一个数组来存储如下的名称：

- "Florida"

- "Oregon"

- "California"

- "Georgia"

使用前面的字符串数组，编写你自己的 sort()函数，使用 strcmp()函数按照字母顺序显示每一个州的名称。

4．修改 Word Find 游戏以包含如下的一项或多项功能：

- 给 Word Find 游戏添加一个菜单，允许用户选择一个难度级别，例如入门、中级和高级。

- 用户必须猜出单词的秒数和用户将要在其中查找单词的文本的长度，可以用来确定难度的级别。

- 在文本区域加入多个单词。

- 记录玩家的得分。例如，猜对一个单词加 1 分，猜错一个单词减 1 分。

- 使用 strlen()函数确保用户输入的字符串和隐藏的单词具有相同的长度。

第 9 章
数据结构简介

本章介绍了编写和使用高级数据类型（也称为数据结构）的一些新的计算机科学概念，包括使用结构和联合体。本章还介绍了这些用户定义的结构如何帮助程序员定义一种更加稳定、面向对象的类型。我们还了解了结构和联合体之间的区别和相似性，以及它们是如何与真正的计算世界相关联的。此外，我们学习了更多已有的数据类型，以及如何使用强制类型转换将它们从一种类型转换为另一种类型。

本章包括以下内容：

- 结构；

- 结构和函数；

- 联合体；

- 强制类型转换；

- 本章程序：Card Shuffle。

9.1 结构

结构是一种重要的计算机科学概念，因为它在整个程序设计和 IT 领域普遍应用，例如，关系数据库、文件处理和面向对象编程概念，都用到了结构。人们认为结构是一种数据类型，就像是整数和字符一样，通常称之为数据结构（data structure）。在很多高级语言中，例如 Java、C++、Python 等，当然还有 C 语言中，都有结构可供使用。当你将结构和其他的数据类型（如指针）结合起来的时候，可以使用它们的副产品来编写高级的数据结构，例如链表、栈、队列和树等。

结构（structure）是本质上相关但在数据类型上并没有必然关系的变量的一个集合。结构经常用来定义一个对象，例如一个人、一个地点、一件事情，或者数据库或文件中的一条记录。你将会看到，结构使用一些关键字来构建定义良好的变量集合。

9.1.1 struct 关键字

创建结构的第一步就是，使用 struct 关键字后面跟着花括号以及用单个的变量定义的成员，来编写结构的定义。如下的程序代码，展示了如何创建一个结构：

```
struct math {
    int x;
    int y;
    int result;
};
```

上面的程序语句创建了一个名为 math 的结构的定义，它包含了 3 个整数类型的成员。关键字 math 也叫做结构标签，它创建了结构的一个实例。

提示

结构的成员是组成变量的集合中的单个元素或变量。结构标签用于标识结构，并且可以用来创建结构的实例。

当使用 struct 关键字来创建结构定义的时候，还并没有为结构分配内存，直到创建了该结构的一个实例，才会分配内存，如下所示：

```
struct math aProblem;
```

上面的语句使用了 struct 关键字和结构标签（math）来创建一个名为 aProblem 的实例。创建结构的一个实例，实际上只是创建了一个变量，在这个例子中，就是结构类型的一个变量。

我们可以按照初始化数组一样的方式来初始化一个结构实例。如下所示，这里提供了用花括号括起来的一个初始化列表，其中的每一项都用逗号隔开：

```
struct math  aProblem  = {  0, 0, 0};
```

只有在创建了结构的实例之后，才可以通过点运算符（.）来访问结构的成员，如下所示：

```
//assign values to members
aProblem.x = 10;
aProblem.y = 10;
aProblem.result = 20;
//print the contents of aProblem
printf("\n%d plus %d", aProblem.x, aProblem.y);
printf(" equals %d\n", aProblem.result);
```

注意，结构的成员并不需要具有相同的数据类型，如下面的程序所示：

```c
#include <stdio.h>
#include <string.h>

struct employee {
    char fname[10];
    char lname[10];
    int id;
    float salary;
};

int main()
{
    //create instance of employee structure
    struct employee emp1;

    //assign values to members
    strcpy(emp1.fname, "Keith");
    strcpy(emp1.lname, "Davenport");
    emp1.id = 123;
    emp1.salary = 50000.00;
    //print member contents
    printf("\nFirst Name: %s\n", emp1.fname);
    printf("Last Name: %s\n", emp1.lname);
    printf("Employee ID: %d\n", emp1.id);
    printf("Salary: $%.2f\n", emp1.salary);
    return 0;
} //end main
```

图 9.1 展示了上面的程序的输出。

图 9.1　拥有不同数据类型的成员的结构

9.1.2　typedef 关键字

typedef 关键字用于创建结构定义，它可以为结构标签创建一个相关的别名。这为程序员提供了一种快捷的方式来创建结构的实例。为了展示 typedef 的概念，我复用了上一节中的程序，并且修改了它以包含 typedef 别名，如下所示：

```
#include <stdio.h>
#include <string.h>

typedef struct employee { //modification here
    char fname[10];
    char lname[10]; int id;
    float salary;
} emp; //modification here

int main()
{
    //create instance of employee structure using emp
    emp emp1; //modification here

    //assign values to members
    strcpy(emp1.fname, "Keith");
    strcpy(emp1.lname, "Davenport");
    emp1.id = 123;
    emp1.salary = 50000.00;

    //print member contents
    printf("\nFirst Name: %s\n", emp1.fname);
    printf("Last Name: %s\n", emp1.lname);
    printf("Employee ID: %d\n", emp1.id);
    printf("Salary: $%.2f\n", emp1.salary);
    return 0;
} //end main
```

要使用 typedef 来创建一个结构别名，我们需要对程序略做修改，特别是修改结构的定义，如下所示：

```
typedef struct employee {
    char fname[10];
    char lname[10];
    int id;
    float salary;
} emp;
```

在结构定义的第一行包含了 typedef 关键字。下一处修改在结构定义的末尾，这里我告诉 C 编译器，将使用名字 emp 作为 employee 结构的别名。因此，在创建 employee 结构的实例的时候，我不再必须使用关键字 struct。相反，现在可以使用 emp 名称来创建 employee 结构的一个实例了，就好像我使用 int、char 或 double 这样的标准数据类型来声明一个变量一样。换句话说，现在，我们有了一种叫做 emp 的数据类型了。下面的程序语句展示了这一概念：

```
emp emp1; //I can now do this
struct employee emp1; //Instead of doing this
```

要使用别名来创建 employee 结构的一个实例，只要给出别名，后面跟着一个新的变量名称。

9.1.3 结构的数组

创建和使用结构的数组的过程，和创建和使用包含了其他数据类型（如整数、字符或浮点数）的数组的过程是类似的。

使用结构

如果你熟悉数据库的概念，可能会认为一个单个的结构就是一条数据库记录。为了说明这一点，考虑包含了一名员工的属性（成员）的一个 employee 结构，例如名称、员工 ID、入职时间、工资等信息。此外，如果 employee 结构的一个单个的实例表示一条员工数据库记录，那么，employee 结构的一个数组，实际上就等同于包含了多条员工记录的一个数据库表。

要创建结构的数组，在结构定义的后面，用方括号将想要的数组元素数目括起来，如下所示：

```
typedef struct employee {
    char fname[10];
    char lname[10];
    int id;
    float salary;
} emp;
emp emp1[5];
```

要访问结构数组中的单个的元素，需要给出用方括号括起来的数组元素编号。要访问单个的结构成员，需要使用点运算符，后面跟着结构成员的名称，就像下面的代码所示，它使用了 strcpy() 将文本"Spencer"复制到为结构成员所保留的内存中：

```
strcpy(emp1[0].fname, "Spencer");
```

下面的程序展示了结构的数组的更多细节，其输出如图 9.2 所示：

```
#include <stdio.h>
#include <string.h>

typedef struct scores {
    char name[10];
    int score;
} s;
```

```
int main()
{
    s highScores[3];
    int x;

    //assign values to members
    strcpy(highScores[0].name, "Hunter");
    highScores[0].score = 40768;
    strcpy(highScores[1].name, "Kenya");
    highScores[1].score = 38565;
    strcpy(highScores[2].name, "Apollo");
    highScores[2].score = 35985;

    //print array content
    printf("\nTop 3 High Scores\n");
    for ( x = 0; x < 3; x++ )
        printf("\n%s\t%d\n", highScores[x].name, highScores[x].score);
    return 0;
} //end main
```

图 9.2　创建和使用结构的数组

9.2　结构和函数

要利用结构的功能，需要理解如何将其传递给函数以供处理。我们可以以多种方式将结构传递给函数，包括按值传递以便以只读的方式使用，还有按引用传递以便修改结构成员的内容。

提示

按值传递会通过发送最初数据的一个副本而不是实际的变量给函数，从而保护传入的变量的值。按引用传递会将一个变量的内存地址发送给函数，这就允许函数中的语句修改最初的变量的内存内容。

9.2.1　按值传递结构

和按值传递任何参数时一样，C 语言也生成了传入的结构变量的一个副本供函数使用。在接受参数的函数中，对参数做出的任何修改，都不会发生在最初的变量值上。要按值将一个结构传递给一个函数，只需要为函数的原型和函数的定义提供一个结构标签（或者，如果使用了 typedef 的话，就提供别名）。下面的程序展示了这个过程，其对应的输出如图 9.3 所示。

```c
#include <stdio.h>
#include <string.h>

typedef struct employee {
    int id;
    char name[10];
    float salary;
} e;

void processEmp(e); //supply prototype with structure alias name

int main()
{
    e emp1 = {0,0,0}; //initialize members
    processEmp(emp1); //pass structure by value

    printf("\nID: %d\n", emp1.id);
    printf("Name: %s\n", emp1.name);
    printf("Salary: $%.2f\n", emp1.salary);
    return 0;
} //end main

void processEmp(e emp) //receives a copy of the structure
{
    emp.id = 123;
    strcpy(emp.name, "Sheila");
    emp.salary = 65000.00;
} //end processEmp
```

图 9.3　按值将一个结构传递给一个函数，并不会修改结构的成员最初的值

即便是在 processEmp()函数中，似乎更新了结构成员的值，但是，结构成员仍然包含了其初始化时候的值，如图 9.3 所示。结构成员的最初内容，并没有真的被修改。实际上，只是访问和修改了结构的成员的一个副本。换句话说，按值传递导致 processEmp()函数修改了结构的一个副本，而不是修改其最初的成员内容。

9.2.2 按引用传递结构

按引用传递结构需要更多一点知识，并且要遵守 C 语言的规则和惯例。在学习如何按引用传递结构之前，我们需要学习访问结构的成员的另一种方法。在这种方法中，可以通过结构指针运算符（->）来访问成员。结构指针运算符是一个间隔符，后面跟着一个大于号，二者之间没有空格，如下所示：

```
emp->salary = 80000.00;
```

结构指针运算符通过一个指针来访问一个结构成员。当你必须创建结构类型的一个指针，并且需要间接引用一个成员的值的时候，这种访问成员的形式很有用。

下面的程序展示了如何创建一个结构类型的指针，以及如何通过结构指针运算符来访问其成员：

```c
#include <stdio.h>
#include <string.h>

int main()
{
    typedef struct player {
    char name[15];
    float score;
    } p;

    p aPlayer = {0, 0}; //create instance of structure
    p *ptrPlayer; //create a pointer of structure type
    ptrPlayer = &aPlayer; //assign address to pointer of structure type

    strcpy(ptrPlayer->name, "Pinball Wizard"); //access through indirection
    ptrPlayer->score = 1000000.00;

    printf("\nPlayer: %s\n", ptrPlayer->name);
    printf("Score: %.0f\n", ptrPlayer->score);
    return 0;
} //end main
```

理解了结构指针运算符之后，按引用传递结构就变得很简单了。实际上，按引用传递结构遵从和按引用传递其他变量相同的规则。直接告诉函数原型及其定义，函数期待结构类型的一个指针，并且记住在函数中使用结构指针运算符（->）来访问每一个结构成员。

为了进一步展示这些概念，研究如下的程序：

```c
#include <stdio.h>
#include <string.h>

typedef struct employee {
    int id;
    char name[10];
    float salary;
} emp;

void processEmp(emp *);

int main()
{
    emp emp1 = {0, 0, 0};
    emp *ptrEmp;
    ptrEmp = &emp1;
    processEmp(ptrEmp);

    printf("\nID: %d\n", ptrEmp->id);
    printf("Name: %s\n", ptrEmp->name);
    printf("Salary: $%.2f\n", ptrEmp->salary);
    return 0;
} //end main

void processEmp(emp *e)
{
    e->id = 123;
    strcpy(e->name, "Sheila");
    e->salary = 65000.00;
} //end processEmp
```

图 9.4 展示了前面的程序的输出，并且更具体地展示了按引用传递如何允许函数修改变量（包括结构变量）的最初的内容。

图 9.4　按引用传递结构，允许调用的函数修改结构成员的最初的内容

9.2.3　传递结构的数组

除非特别指定，向一个函数传递数组，都是自动按引用传递的；这也称之为按地址传递（passing by address）。由于数组名实际上就是一个指针，因此，按地址传递的说法是名副其实的。

要传递结构的一个数组，直接给函数原型提供指向该结构的一个指针，如下面修改后的程序所示：

```
#include <stdio.h>
#include <string.h>

typedef struct employee {
    int id;
    char name[10];
    float salary;
} e;

void processEmp( e * ); //supply prototype with pointer of structure type

int main()
{
    e emp1[3] = {0,0,0};
    int x;
    processEmp( emp1 ); //pass array name, which is a pointer
    for ( x = 0; x < 3; x++ ) {
        printf("\nID: %d\n", emp1[x].id); printf("Name: %s\n", emp1[x].name);
        printf("Salary: $%.2f\n\n", emp1[x].salary);
    } //end loop
    return 0;
} //end main

void processEmp( e * emp ) //function receives a pointer
{
    emp[0].id = 123;
    strcpy(emp[0].name, "Sheila");
    emp[0].salary = 65000.00;
    emp[1].id = 234;
    strcpy(emp[1].name, "Hunter");
    emp[1].salary = 28000.00;
    emp[2].id = 456;
     strcpy(emp[2].name, "Kenya");
     emp[2].salary = 48000.00;
} //end processEmp
```

这里修改了 processEmp()函数，以便使用按引用传递的技术可以修改结构的成员的最初内容，如图 9.5 所示。

图 9.5 按引用传递结构的一个数组

技巧

当把结构的一个数组传递给函数的时候，由于数组名是指针，我们就不需要使用指针了！也可以使用空的方括号，告诉函数原型和函数定义接受结构类型的一个数组，从而直接按引用来传递结构数组，如下所示：

```
void  processEmp( e  [] );  //function prototype
void  processEmp( e  emp[]  ) //function definition
{
}
```

给函数传递一个数组，实际上传递的是数组的第 1 个内存地址。这种操作模拟了按引用传递结构所达到的允许用户直接修改每个结构及其成员的效果。

9.3 联合体

尽管联合体的设计和使用和结构类似，但它提供了一种更加经济的方式来构建带有属性（成员）的对象，而这些属性不需要同时使用。在创建结构的时候，结构为每一个成员都保留了单独的内存段，而联合体只为其最大的成员保留一个单独的内存空间，由此，提供了一种节约内存的功能，以便成员能够共享相同的内存空间。

使用关键字 union 来创建联合体，并且它包含了和结构类似的成员定义。下面的程序代码创建了一个电话簿联合体的定义：

```
union phoneBook {
    char *name;
    char *number;
```

```
    char *address;
};
```

和结构一样，可以通过点运算符来访问联合体的成员，如下面的程序所示：

```
#include <stdio.h>

union phoneBook
{
    char *name;
    char *number;
    char *address;
};

struct magazine {
    char *name;
    char *author;
    int isbn;
};

int main()
{
    union phoneBook aBook;
    struct magazine aMagazine;
    printf("\nUnion Details\n");
    printf("Address for aBook.name: %p\n", &aBook.name);
    printf("Address for aBook.number: %p\n", &aBook.number);
    printf("Address for aBook.address: %p\n", &aBook.address);
    printf("\nStructure Details\n");
    printf("Address for aMagazine.name: %p\n", &aMagazine.name);
    printf("Address for aMagazine.author: %p\n", &aMagazine.author);
    printf("Address for aMagazine.isbn: %p\n", &aMagazine.isbn);
    return 0;
} //end main
```

以上程序的输出如图 9.6 所示，它揭示了在联合体和结构之间，内存分配是如何进行的。联合体的每一个成员都共享相同的内存空间。

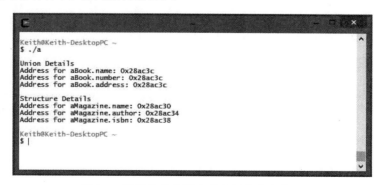

图 9.6 比较结构和联合体之间的内存分配

9.4 强制类型转换

尽管并不是所有的高级程序设计语言都支持强制类型转换,但这是 C 语言的一项强大的功能。强制类型转换使得 C 程序员能够迫使某种类型的变量成为另一种类型,当处理整数除法的时候,这一点特别重要。除了功能强大,强制类型转换还易于使用。只要用圆括号将一个数据类型名称括起来,后边跟着想要对其进行强制类型转换的数据或变量就可以了,如下面的代码所示:

```c
int x = 12;
int y = 5;
float result = 0;
result = (float) x / (float) y;
```

下面的程序及其输出(如图 9.7 所示)进一步展示了强制类型转换的用法。此外,它还展示了在进行整数除法的时候,如果没有利用强制类型转换的话,将会发生什么事情。

```c
#include <stdio.h>

int main()
{
    int x = 12;
    int y = 5;
    printf("\nWithout Typecasting\n");
    printf("12 \\ 5 = %.2f\n", x/y);
    printf("\nWith Typecasting\n");
    printf("12 \\ 5 = %.2f\n", (float) x / (float) y);
    return 0;
} //end main
```

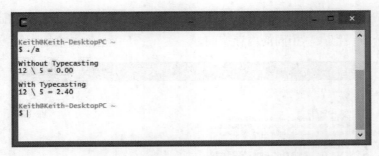

图 9.7 使用和不使用强制类型转换来执行整数除法运算

技巧

记住,在 printf()函数中,反斜杠(\)是一个保留的也是特殊的字符。要让输出中出现一个反斜杠,使用\\转换修饰符,如下所示:

```
printf("12 \\ 5 = %.2f\n", (float) x / (float) y);
```

你可能猜到了，强制类型转换并不仅限于数字。也可以将数字强制类型转换为字符，或者将字符强制类型转换为数字，如下所示：

```
#include <stdio.h>

int main()
{
    int number = 86;
    char letter = 'M';

    printf("\n86 typecasted to char is: %c\n", (char) number);
    printf("\n'M' typecasted to int is: %d\n ", (int) letter);
    return 0;
} //end main
```

图 9.8 展示了上面的程序的输出，在该程序中，一个数字被强制类型转换为一个字符，而一个字符被强制类型转换为一个数字。

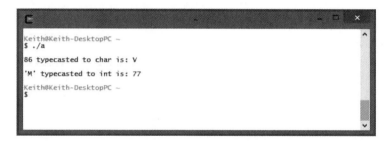

图 9.8 将一个数字强制转型为字符，以及将字符强制转型为数字

提示

在对一个字符使用%n 转换修饰符的时候，C 语言总是打印出该字符对应的字母的 ASCII。此外，当对一个 ASCII 使用%c 转换修饰符的时候，C 语言总是打印出这个 ASCII 数字对应的字符。

9.5　本章程序：Card Shuffle

Card Shuffle 使用了本章中的很多概念，包括结构、结构的数组，以及给函数传递结构等，编写了一个简单的洗牌程序，如图 9.9 所示。具体来说，Card Shuffle 程序使用结构的一个数组初始化了 52 张扑克牌。然后，它使用了各种技术，包括随机数和用户定义的函数，来编写一个洗牌程序，该程序在洗牌之后，随机地发 5 张牌。

图 9.9　用本章的概念编写 Card Shuffle 程序

在研究了 Card Shuffle 程序之后，你应该能够在自己的卡牌游戏中使用它为扑克牌或其他的牌来洗牌和发牌。

陷阱

如果 Card Shuffle 给出一条错误消息，说没有找到 clear 命令，请回到 Cygwin 的安装过程并且安装 ncurses 包，这个包在 Utils 分类下。ncurses 包包含了 clear.exe 和其他的终端显示工具。

Card Shuffle 程序所需的所有代码如下所示：

```c
#include <stdio.h>
#include <stdlib.h>
#include <time.h>
#include <string.h>
//define new data type
typedef struct deck {
    char type[10];
    char used;
    int value;
} aDeck; //end type

//function prototype
void shuffle( aDeck * );

int main()
{
    int x,y;
    aDeck myDeck[52];
    srand( time( NULL ) );

    //initialize structure array
    for ( x = 0; x < 3; x++ ) {
        for ( y = 0; y < 13; y++ ) {
            switch (x) {
                case 0:
```

```
                strcpy(myDeck[y].type, "Diamonds");
                myDeck[y].value = y;
                myDeck[y].used = 'n';
                break;
            case 1:
                strcpy(myDeck[y + 13].type, "Clubs");
                myDeck[y + 13].value = y;
                myDeck[y + 13].used = 'n';
                break;
            case 2:
                strcpy(myDeck[y + 26].type, "Hearts");
                myDeck[y + 26].value = y;
                myDeck[y + 26].used = 'n';
                break;
            case 3:
                strcpy(myDeck[y + 39].type, "Spades");
                myDeck[y + 39].value = y;
                myDeck[y + 39].used = 'n';
                break;
            } //end switch
        } //end inner loop
    } //end outer loop

    shuffle( myDeck );
    return 0;
} //end main

void shuffle( aDeck * thisDeck )
{
    int x;
    int iRnd;
    int found = 0;
    system("clear");

    printf("\nYour five cards are: \n\n");
    while ( found < 5 ) {
        iRnd = rand() % 51;
        if ( thisDeck[iRnd].used == 'n' ) {
            switch (thisDeck[iRnd].value) {
                case 12:
                    printf("Ace of %s\n", thisDeck[iRnd].type);
                    break;
                case 11:
                    printf("King of %s\n", thisDeck[iRnd].type);
                    break;
                case 10:
                    printf("Queen of %s\n", thisDeck[iRnd].type);
```

```
                break;
        case 9:
            printf("Jack of %s\n", thisDeck[iRnd].type);
            break;
        default:
            printf("%d of ", thisDeck[iRnd].value + 2);
            printf("%s\n", thisDeck[iRnd].type);
            break;
    } //end switch
    thisDeck[iRnd].used = 'y';
    found = found + 1;
    } //end if
  } //end while loop
} //end shuffle
```

9.6 本章小结

- 结构是本质上相关的但在数据类型上并没有必然关系的变量的一个集合。

- 结构最常见的用法是用来定义一个对象，如一个人、一个地点、一件事情，或者是数据库或文件中的一条相似的记录。

- 创建结构的第一步就是，用 struct 关键字后面跟着花括号以及用单个的变量定义的成员，来编写结构的定义。

- 结构的成员是组成变量的集合中的单个的元素或变量。

- 结构标签标识了结构，并且可以创建结构的实例。

- 当使用关键字 struct 创建结构的定义的时候，还并没有为结构分配内存，直到创建结构的实例的时候才分配。

- typedef 关键字用于创建结构定义，从而构建和结构的标签（结构名）的一种别名关系。它为程序员提供了一种快捷方式来创建结构的实例。

- 要创建结构的数组，在结构定义的后面，用方括号将想要的数组元素的数目括起来。

- 我们可以以多种方式将结构传递给函数，包括按值传递以只读的方式使用，还有按引用传递以便修改结构成员的内容。

- 按值传递会发送最初数据的一个副本而不是实际的变量给函数，从而保护传入的变量的值。

- 按引用传递会将一个变量的内存地址发送给函数，这就允许函数中的语句修改最初的变量的内存内容。

- 结构指针运算符是一个间隔符，后面跟着一个大于号，二者之间没有空格。

- 我们使用结构指针运算符来通过一个指针访问一个结构成员。

- 向一个函数传递数组，都是自动按引用传递的；这也称之为按地址传递。由于数组名实际上就是一个指针，因此，按地址传递的说法是名副其实的。

- 联合体为其最大的成员保留了单个的内存，从而提供了一种更加经济的方式来构建带有属性的对象。

- 强制类型转换使得 C 程序员能够强制将某种类型的一个变量转换为另一种类型。

9.7　编程挑战

1．编写一个名为 car 的结构，它包括如下的成员：

- make

- model

- year

- miles

2．编写 car 结构的一个名为 myCar 的实例，并且为其每个成员分配数据。使用 printf() 函数将每个成员的内容打印到标准输出。

3．使用挑战 1 中的 car 结构，编写一个名为 myCars 的结构数组，它带有 3 个元素。使用你喜欢的汽车型号的信息来填充数组中的每一个结构。使用一个 for 循环打印出数组中的每一个结构的详细信息。

4．编写一个程序，使用一个结构数组来保存你的朋友的联系信息。这个程序应该允许用户输入 5 个朋友，并且打印出电话簿的当前条目。编写一个函数来给电话簿添加条目，并且打印出有效的电话簿条目。不要显示那些无效或者为 NULL（0）的电话簿条目。

第 10 章
动态内存分配

在本章中，我们将介绍 C 语言如何使用系统资源来分配、再分配和释放内存。我们将学习基本的内存概念，以及 C 库函数和运算符如何利用系统资源，如 RAM 和虚拟内存等。

本章包括一下内容：

- 动态内存概念；
- sizeof 运算符；
- malloc()函数；
- calloc()和 realloc()函数；
- 本章程序：Math Quiz。

10.1 动态内存概念

本章专门讨论动态内存的概念，例如，使用 malloc()、calloc()、realloc()和 free()函数来分配、再分配和释放内存。本小节专门介绍了基本的内存概念，这些概念直接和函数如何接受和使用内存有关。

包括操作系统在内的软件程序，都使用各种内存实现，包括虚拟内存和 RAM。RAM（Random Access Memory，随机访问内存）为分配、存储和访问数据提供了一个易失性的解决方案。RAM 被认为是易失的，因为在计算机断电后（关闭后），它不能存储数据。另一种易失性的内存存储区域叫做虚拟内存（virtual memory）。实际上，虚拟内存是硬盘上的一个保留的区域，操作系统可以在那里交换内存段。和访问物理 RAM 相比，访问虚拟内存更慢，但是，当物理内存较少的时候，它提供了移动数据的一个地方。通过虚拟内存来增加内存资源，这给了操作系统一种方法来满足动态内存的需求，尽管这种方法不是一种高效的方法。

提示

虚拟内存通过将数据交换进出硬盘，从而释放了物理 RAM。

栈和堆

通过 RAM 和虚拟内存的组合，所有的软件程序都使用了它们自己的叫做栈（stack）的内存区域。程序中每次调用一个函数的时候，函数变量和参数都会压入到程序的内存栈中，随后，当函数执行完毕或返回的时候，再从栈"弹出"。

提示

内存栈用于存储变量和参数内容，它是内存的动态分组，每次程序分配和收回内存的时候，内存栈分别会增大和减小。

当软件程序终止后，内存会返回以供其他的软件和系统程序复用。此外，操作系统负责管理未分配的内存（叫做堆）的平衡。软件程序可以通过诸如 malloc()、calloc()和 realloc()这样的函数来使用堆。

提示

堆是操作系统管理的、未使用的一个内存区域。

一旦程序释放了内存，内存就会返回到堆，供同一程序或其他程序在将来使用。

总而言之，内存分配函数和堆对于 C 程序员来说都是极为重要的，因为它们使得你能够控制程序的内存的使用和分配。本章剩下的部分将介绍如何从堆获取内存和向堆返回内存。

10.2　sizeof 运算符

在内存使用方面，有的时候，你需要知道数据类型或变量的大小。这在 C 语言中特别重要，因为 C 语言使得程序员能够动态地创建内存资源。更具体地说，对于 C 程序员来说，知道一个系统使用了多少个字节来存储数据（例如整数、浮点数或双精度浮点数等），这是很重要的，因为并不是所有的系统都使用相同大小的空间来存储数据。在这种情况下，C 标准库提供了 sizeof 运算符来帮助程序员。当在程序中使用的时候，sizeof 运算符帮助你构建了一个更加独立于系统的软件程序。

sizeof 运算符接受一个变量名或数据类型作为参数，并且返回了在内存中存储该数据所需的字节数目。下面的程序展示了 sizeof 运算符的简单使用，其输出如图 10.1 所示：

```c
#include <stdio.h>

int main()
{
    int x;
    float f;
    double d;
    char c;
    typedef struct employee {
        int id;
        char *name;
        float salary;
    } e;
    printf("\nSize of integer: %d bytes\n", sizeof(x));
    printf("Size of float: %d bytes\n", sizeof(f));
    printf("Size of double %d bytes\n", sizeof(d));
    printf("Size of char %d byte\n", sizeof(c));
    printf("Size of employee structure: %d bytes\n", sizeof(e));
    return 0;
} //end main
```

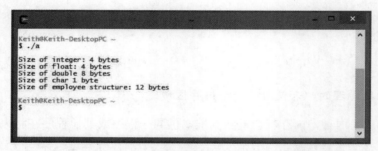

图 10.1　使用 sizeof 运算符来确定存储需求

sizeof 运算符可以接受一个变量名或一个数据类型，如下所示：

```c
int x;
    printf("\nSize of integer: %d bytes\n", sizeof(x)); //valid variable name
    printf("\nSize of integer: %d bytes\n", sizeof(int)); //valid data type
```

sizeof 运算符也可以用于确定数组的内存需求。使用简单的算术，用数组的大小除以数组的数据类型的大小，就可以确定数组中包含了多少个元素，如下面的程序所示，其输出如图 10.2 所示。

```c
#include <stdio.h>

int main()
{
    int array[10];
    printf("\nSize of array: %d bytes\n", sizeof(array));
    printf("Number of elements in array ");
    printf("%d\n", sizeof(array) / sizeof(int));
    return 0;
```

```
} //end main
```

図 10.2　使用 sizeof 运算符和简单的算术，来确定数组中的元素的数目

10.3　malloc()函数

有时候，要知道程序对于一个给定的函数到底需要分配多少内存是不可能的。固定大小的数组可能并不够容纳你想要存储的数据量。例如，如果你创建了一个 8 个元素的、固定大小的字符数组来存储一个用户名，而用户却输入了具有 10 个字符的名字 Alexandria（如果算上必需的 Null 的话，一共 11 个字符），该怎么办呢？最好的情况是：你在程序中加入了错误检查，以防止用户输入比 8 个字符更大的一个字符串。最糟糕的情况是：用户的信息发送到了内存中的其他地方，这潜在地可能会覆盖其他的数据。

动态地创建和使用内存的理由有很多，例如，通过标准输入、动态数组或者诸如链表这样的动态数据结构来创建和读取字符串。C 语言提供了一些函数来创建动态内存，其中之一就是 malloc()函数。malloc()函数是标准库<stdlib.h>的一部分，并且它接受数字作为参数。当执行的时候，malloc()试图从堆中获取指定的内存段，并且返回一个指针指向了保留的内存的开始位置。malloc()函数的基本用法如下面的程序所示：

```
#include <stdio.h>
#include <stdlib.h>

int main()
{
    char *name;
    name = malloc(80);
    return 0;
} //end main
```

前面的程序对 malloc()函数的使用并不是很完整，因为在为一个变量分配内存的时候，一些 C 编译器可能需要你执行强制类型转换。为了避免潜在的编译器警告，我将修改前面的程序，以直接在强制类型转换中使用一个 char 类型的指针，如下面的程序所示：

```
#include <stdio.h>
#include <stdlib.h>

int main()
{
    char *name;
    name = (char *) malloc(80);
    return 0;
} //end main
```

提示

如果 malloc()函数没有成功分配内存的话，它返回一个 NULL 指针。

更好之处在于，当创建动态内存的时候，应该显式地告诉系统你想要请求内存的数据类型的大小，从而更加具体化一些。换句话说，你应该在动态内存分配中加入 sizeof 运算符，如下所示：

```
#include <stdio.h>
#include <stdlib.h>

int main()
{
    char *name;
    name = (char *) malloc(80 * sizeof(char));
    return 0;
} //end main
```

使用 sizeof 运算符显式地告诉系统，你想要 80 个字节的 char 类型，在大多数的系统上，char 数据类型刚好是 1 个字节。

在试图使用内存之前，还总是应该检查 malloc()函数已经成功地执行了。要测试 malloc()函数的结果，直接使用一个 if 条件来测试一个 NULL 指针，如下所示：

```
#include <stdio.h>
#include <stdlib.h>

int main()
{
    char *name;
    name = (char *) malloc(80 * sizeof(char));

    if ( name == NULL ) {
        printf("\nOut of memory!\n");
        return 1; }
    else {
        printf("\nMemory allocated.\n");
```

```
    return 0; }
} //end main
```

在研究了前面的代码之后，你可以看到关键字 NULL 用来比较指针。如果指针为 NULL，malloc()函数没有成功地分配内存，并且程序向操作系统返回一个 1（表示一个错误的条件）。如果 malloc()函数成功了，会分配内存并且程序会向操作系统返回一个 0（表示正常结束）。

陷阱

当试图分配内存的时候，总是要检查有效的结果。如果没有能够测试像 malloc()这样的函数所返回的指针，可能会导致不正常的软件或系统行为。

10.3.1   使用 malloc()管理字符串

正如第 8 章所介绍的，动态内存分配使得程序员能够创建和使用字符串来读取来自标准输入的信息。为了做到这一点，在从键盘读取信息之前，直接使用 malloc()函数并且将其结果复制给一个 char 类型的指针。

下面的程序展示了使用 malloc()从标准输入创建并读取字符串，其输出如图 10.3 所示。

```c
#include <stdio.h>
#include <stdlib.h>

int main()
{
    char *name;
    name = (char *) malloc(80*sizeof(char));

    if ( name != NULL ) {
        printf("\nEnter your name: ");
        gets(name);
        printf("\nHi %s\n", name);
    } //end if
    return 0;
} //end main
```

图 10.3   使用动态内存来从标准输入读取字符串

这个程序允许用户输入最多 80 个字符的一个名称，而这是 malloc()函数所请求的存储空间的大小。

10.3.2　释放内存

好的编程实践是，在使用完内存之后释放它。为此，C 标准库提供了 free()函数，它接受一个指针作为参数，并且释放该指针所引用的内存。这就允许操作系统为其他的软件应用或者其他的 malloc()函数调用重新使用该内存，如下面的程序所示：

```
#include <stdio.h>
#include <stdlib.h>

int main()
{
    char *name;
    name = (char *) malloc(80*sizeof(char));

    if ( name != NULL ) {
        printf("\nEnter your name: ");
        gets(name);
        printf("\nHi %s\n", name);
        free(name); //free memory resources
    } //end if
    return 0;
} //end main
```

通过诸如 free()这样的函数来释放内存，这是 C 程序员的一项重要的值守任务。即便是当今内存丰富的系统，不再需要内存的时候就释放它，这也是很好的想法，因为你消耗的内存越多，其他的进程可以使用的内存就越少。如果忘记了在程序中释放已经分配的或不再使用的内存，大多数的操作系统会为你进行清理。然而，这种清理只会在你的程序终止之后才进行。因此，一旦不再需要内存了就释放它，这是程序员的职责。忘记在程序中释放内存，可能会导致不再需要的内存或浪费的内存无法再返回到堆中，这也叫做内存泄漏（memory leak）。如果你的程序继续分配更多的内存而不释放它们，内存泄漏会导致应用程序失败并且系统性能下降。

技巧

使用 malloc()分配的内存将持续存在，直到程序终止或者一个程序使用 free()函数释放它。要使用 free()函数释放一块内存，之前必须使用 malloc()或 calloc()分配（或返回）过该内存。

10.3.3　操作内存段

使用 malloc()函数获取的单个的内存段，可以像数组成员一样处理。可以使用索引来引用这些内存段，如下面的程序所示，其输出如图 10.4 所示：

```c
#include <stdio.h>
#include <stdlib.h>

int main()
{
    int *numbers;
    int x;
    numbers = (int *) malloc(5 * sizeof(int));

    if ( numbers == NULL )
        return 1; //return nonzero value if malloc is not successful

    numbers[0] = 100;
    numbers[1] = 200;
    numbers[2] = 300;
    numbers[3] = 400;
    numbers[4] = 500;

    printf("\nIndividual memory segments initialized to:\n");
    for ( x = 0; x < 5; x++ )
        printf("numbers[%d] = %d\n", x, numbers[x]);
    return 0;
} //end main
```

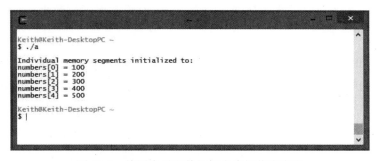

图 10.4　使用索引和数组概念来操作内存段

为了初始化和访问内存段，直接提供带有一个索引的指针名称。要进行迭代，可以通过索引来访问内存段，就像访问数组元素一样。在分解成块的内存的时候，这是一个有用而强大的概念。

10.4　calloc()和 realloc()函数

另一个内存分配工具是 C 标准库<stdlib.h>的 calloc()函数。和 malloc()函数一样，calloc()

函数试图从堆中抓取连续的内存段。calloc()函数接受两个参数,第 1 个参数确定了所需的内存段的大小,第 2 个参数是数据类型的大小。

下面的程序给出了 calloc()函数的一个基本实现:

```
#include <stdio.h>
#include <stdlib.h>

int main()
{
    int *numbers;
    numbers = (int *) calloc(10, sizeof(int));

    if ( numbers == NULL )
        return 1; //return 1 if calloc is not successful
    return 0; //return 0 if calloc is successful
} //end main
```

我可以通过传入 2 个参数,用 calloc()函数来获取能够容纳 10 个整数数据类型的一段内存。第 1 个参数告诉 calloc(),我们想要 10 个连续的内存段,第 2 个参数告诉 C 编译器,这个数据类型的大小需要是程序所运行的机器上的一个整数数据类型的大小。

使用 calloc()函数而不是 malloc()函数的主要好处在于,calloc()函数能够初始化所分配的每一个内存段。这是一项重要的功能,因为 malloc()要求程序员负责在使用内存之前初始化内存。

乍看上去,malloc()和 calloc()似乎都是在动态地进行内存分配,从某种程度上讲,二者确实如此,尽管它们都在扩展最初分配的内存的能力方面存在一定的短板。例如,假设你分配了 5 个整数内存字段,并且用数据填充了它们。稍后,程序要求你使用 malloc()给最初分配的内存块增加 5 个更多的内存字段,同时要保留最初的内容。这是一个有趣的两难境地。当然,你可以使用另一个指针来分配更多的内存,但是,这样就不能够将两个内存块当做连续的内存区域来处理了;因此,你将不能够把所有的内存段都当做一个单个的数组来访问。好在,realloc()函数提供了一种方式来扩展连续的内存字段,同时还能保留最初的内容。

realloc()函数接受两个参数并且返回一个指针作为输出,如下所示:

```
newPointer = realloc(oldPointer, 10 * sizeof(int));
```

realloc()的第 1 个参数获取了 malloc()或 calloc()所设置的最初的指针。第 2 个参数说明了想要分配的总的内存数量。

和 malloc()或 calloc()函数一样，realloc()函数也很容易使用，但是，它确实需要在执行之后进行一些检查。具体来说，realloc()的输出有 3 种情况，如表 10.1 所示。

表 10.1 realloc()可能的结果

情况	结果
成功且没有移动	返回相同的指针
成功但移动了	返回新的指针
没有成功	返回空指针

如果 realloc()成功地扩展了连续的内存，它返回 malloc()或 calloc()所设置的最初的指针。然而，有的时候，当 realloc()无法扩展最初的连续内存的时候，它由此将会寻找其他的内存区域，以便可以为之前的数据和新请求的内存分配一定数目的连续内存段。当发生这种情况的时候，realloc()将最初的内存内容复制到新的连续内存位置，并且返回一个新的指针指向新的开始位置。还要注意，有时候，realloc()在尝试扩展连续内存的时候没有成功，并且最终返回一个 NULL 指针。

测试 realloc()的结果的最好的方法是测试 NULL。如果没有返回一个 NULL 指针，可以将该指针赋值回较早的指针，那么它就包含了扩展后的连续内存的开始地址。

下面的程序展示了扩展连续内存和测试 realloc()的结果的概念，其输出如图 10.5 所示。

```
#include<stdio.h>
#include<stdlib.h>

int main()
{
    int *number;
    int *newNumber;
    int x;

    number = malloc(sizeof(int) * 5);

    if ( number == NULL ) {
        printf("\nOut of memory!\n");
        return 1;
    } //end if

    printf("\nOriginal memory:\n");

    for ( x = 0; x < 5; x++ ) {
        number[x] = x * 100;
        printf("number[%d] = %d\n", x, number[x]);
```

```
    } //end for loop

    newNumber = realloc(number, 10 * sizeof(int));

    if ( newNumber == NULL ) {
        printf("\nOut of memory!\n");
        return 1;
    }
    else
        number = newNumber;
    //initialize new memory only
    for ( x = 5; x < 10; x++ )
        number[x] = x * 100;

    printf("\nExpanded memory:\n");

    for ( x = 0; x < 10; x++ )
        printf("number[%d] = %d\n", x, number[x]);

    //free memory
    free(number);
    return 0;
} //end main
```

在研究了上面的程序和图 10.5 之后，你可以看到 realloc()对于扩展连续内存并同时保持最初的内存内容很有用。

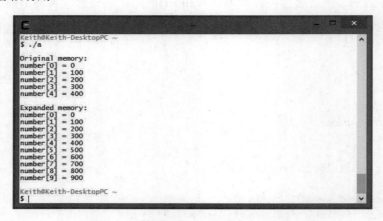

图 10.5　使用 realloc()扩展连续内存段

10.5　本章程序：Math Quiz

Math Quiz 程序使用了内存分配技术，例如 calloc()和 free()函数，来构建一个有趣的且动态的测试程序，它测试玩家解决基本的加法问题的能力，如图 10.6 所示。在研究了 Math Quiz 程序之后，你可以使用自己的动态内存分配和随机数技术来编写任何有趣的测验程序。

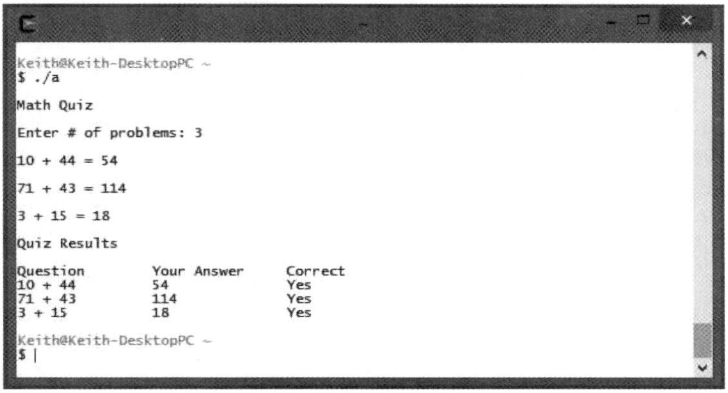

图 10.6　使用本章介绍的概念来编写 Math Quiz 程序

Math Quiz 游戏所需的所有代码如下所示：

```c
#include <stdio.h>
#include <stdlib.h>
#include <time.h>

int main()
{
    int response;
    int *answer;
    int *op1;
    int *op2;
    char *result;
    int x;
    srand(time(NULL));

    printf("\nMath Quiz\n\n");
    printf("Enter # of problems: ");
    scanf("%d", &response);

    /* Based on the number of questions the user wishes to take,
    allocate enough memory to hold question data. */
    op1 = (int *) calloc(response, sizeof(int));
    op2 = (int *) calloc(response, sizeof(int));
    answer = (int *) calloc(response, sizeof(int));
    result = (char *) calloc(response, sizeof(char));

    if ( op1 == NULL || op2 == NULL || answer == NULL || result == NULL ) {
```

```
        printf("\nOut of Memory!\n");
        return 1;
    } //end if

    //display random addition problems
    for ( x = 0; x < response; x++ ) {
        op1[x] = rand() % 100;
        op2[x] = rand() % 100;
        printf("\n%d + %d = ", op1[x], op2[x]);
        scanf("%d", &answer[x]);
        if ( answer[x] == op1[x] + op2[x] )
            result[x] = 'c';
        else
            result[x] = 'i';
    } //end for loop

    printf("\nQuiz Results\n");
    printf("\nQuestion\tYour Answer\tCorrect\n");

    //print the results of the quiz
    for ( x = 0; x < response; x++ ) {
        if ( result[x] == 'c' )
            printf("%d + %d\t\t%d\t\tYes\n", op1[x], op2[x], answer[x]);
        else
            printf("%d + %d\t\t%d\t\tNo\n", op1[x], op2[x], answer[x]);
    } //end for loop

    //free memory
    free(op1);
    free(op2);
    free(answer);
    free(result);
    return 0;
} //end main
```

10.6 本章小结

- RAM（Random Access Memory，随机访问内存）为分配、存储和访问数据提供了一个易失性的解决方案。RAM 被认为是易失的，因为在计算机断电后（关闭后），它不能存储数据。

- 另一种易失性的内存存储区域叫做虚拟内存。实际上，虚拟内存是硬盘上的一个保留的区域，操作系统可以在那里交换内存段。

- 虚拟内存不像 RAM 那么高效，但它确实为 CPU 提供了另一种内存资源。

- 内存栈是内存的动态分组，每次程序分配和收回内存的时候，内存栈分别会增大和减小。它用于存储变量和参数的内容。

- 堆是操作系统管理的、未使用的一个内存区域。

- sizeof 运算符接受一个变量名或数据类型作为参数，并且返回了在内存中存储该数据所需的字节数目。

- sizeof 运算符也可以用于确定数组的内存需求。

- malloc()试图从堆中获取指定的内存段，并且返回一个指针指向了保留的内存的开始位置。

- 如果 malloc()函数没有成功分配内存的话，它返回一个 NULL 指针。

- 使用 malloc()函数获取的单个的内存段，可以像数组成员一样处理。可以使用索引来引用这些内存段。

- free()函数接受一个指针作为参数，并且会释放该指针所引用的内存。

- 和 malloc()函数一样，calloc()函数试图从堆中抓取连续的内存段。calloc()函数接受两个参数，第 1 个参数确定了所需的内存段的大小，第 2 个参数是数据类型的大小。

- 使用 calloc()函数而不是 malloc()函数的主要好处在于，calloc()函数能够初始化所分配的每一个内存段。

- realloc()函数提供了一种方法来扩展连续的内存字段，同时还保留最初的内容。

10.7　编程挑战

1．编写一个程序，使用 malloc()来分配一段内存以保存一个不大于 80 个字符的字符串。提醒用户输入他喜欢的电影。使用 scanf()读取用户的响应，并且将数据赋值给新分配的内存。将用户喜欢的电影显示到标准输出。

2．使用 calloc()函数，编写一个程序，从标准输入读取一个用户的名字。使用循环来遍历分配的内存，统计用户名中的字符数。当到达了没有用于读取和存储用户名的一个内存段，这个循环就应该停止（记住，calloc()初始化了所分配的所有内存）。将用户名中的字符数打印到标准输出。

3．编写一个电话簿程序，它允许用户输入一个朋友或熟人的名称和电话。创建一个结构来保存联系信息，并且使用 calloc()来保存第 1 个内存段。用户应该能够通过一个菜单来添加和修改电话簿条目。当用户添加新的电话簿条目的时候，使用 realloc()函数给最初的内存块添加连续的内存段。

第 11 章
文件输入和输出

在本章中，我们将介绍如何使用标准输入/输出库（<stdio.h>）中的函数，打开文件、读取文件和向文件写入信息。我们将学习基本的数据文件层级的概念，以及 C 语言如何使用文件流来管理数据文件。

本章包括以下内容：

- 数据文件简介；

- 位和字节；

- 文件流；

- goto 语句和错误处理；

- 本章程序：Character Roster。

11.1 数据文件简介

假设你已经按照顺序阅读了本书的各章，那么，你应该已经学习了利用 C 语言和易失性内存存储设备来保存、获取和编辑数据。具体来讲，你知道变量用于管理易失性内存区域（例如 RAM 和虚拟内存）的数据，并且可以动态地获取内存以临时性地存储数据。

尽管像 RAM 这样的易失性内存的重要性是显而易见的，但将其用于长期的数据存储的时候，它又有明显的缺点。当需要在硬盘这样的非易失性存储中记录和存储数据的时候，程序员希望在计算机电源关闭之后，也能够查看数据文件存储的数据并访问解决方案。

数据文件通常是基于文本的，并且用于存储和获取相关的信息，就像那些存储在数据库中的信息一样。管理数据文件中包含的信息，这取决于 C 程序员。为了帮助你理解如何管理文件，我介绍了一些入门的概念，为实现基本的数据文件管理打好基础。

　　理解数据文件的分解和层级是很重要的，因为每个组件（父对象）和子组件（子对象）一起用来创建整个文件。没有每个组件及其层级关系，要构建关系数据库这样较为高级的数据文件系统，将会是很困难的。

　　一种常用的数据文件层级通常可以分为 5 个部分，如表 11.1 所示。

表 11.1　数据文件层级

实体	说明
位	二进制数字，0 或 1
字节	8 个字符
字段	一组字节
记录	一组字段
文件	一组记录

11.2　位和字节

　　位（bit）也称为二进制位，是数据文件的最小的单位。每个位的值只能是 0 或 1。由于位是计算机系统中最小的度量单位，它们为电子电路提供了一种很容易的机制，可以用电路状态的开和关来模拟 1 和 0。把位组合在一起的时候，它就构成了下一个数据管理的单位，也就是字节（byte）。

　　字节是数据文件"食物链"中的下一环。它们都由 8 个位组成，并且用来存储一个单个的字符，例如数字、字母或在字符集中所能找到的任何其他的字符。例如，单个的字节可能包含一个字母 M、数字 7 或者是惊叹号（!）这样的一个键盘字符。多个字节组成字，或者进一步组成字段。

字段、记录和文件

　　在数据或数据文件的相关术语中，成组的字符通常称为字段。在图形化用户界面中，字段通常视为占位符，但实际上，它是一个数据概念，表示大小和数据类型在一定范围内的、提供一定的、有意义的信息的成组字符。字段可以是一个人的名字、社会安全号码、街道地址、电话号码等。例如，名字 Sheila 可能是一个叫做 First Name 字段中存储的一个值。当以

204

逻辑分组的方式组合的时候，字段可以表示信息的一条记录。

记录是字段的逻辑分组，它包含了单个一行的信息。一条记录中的每一个字段，都描述了记录的属性。例如，一个学生记录可能包括姓名、年龄、ID、专业和 GPA 字段。每个字段的说明都是唯一的，但组合到一起描述了一条记录。

记录中的单个字段有时候使用空格、制表符或逗号来分隔，如下面的记录所示，它列出了一个学生的字段值：

```
Sheila  Vine, 29, 555-55-5555, Computer  Science,  4.0
```

记录都一起存储到数据文件中。数据文件包含了一条或多条记录，并且它位于数据文件"食物链"的顶端。文件中的每一条记录通常都描述了唯一的一个字段的集合。可以使用文件来存储所有类型的信息，例如学生和员工数据。数据文件通常和各种数据库进程有关，在这些数据库进程中，可以按照非易失的状态（例如本地磁盘、USB 存储设备或 Web 服务器）来管理信息。数据文件的一个示例是 students.dat，其中的记录用逗号隔开，如下所示：

```
Michael Vine, 30, 222-22-2222, Political Science, 3.5
Sheila Vine, 29, 555-55-5555, Computer Science, 4.0
Spencer Vine, 19, 777-77-7777, Law, 3.8
Olivia Vine, 18, 888-88-8888, Medicine, 4.0
```

11.3 文件流

指针、指针，还是指针。你可能猜到了，C 语言中任何值得做的事情都涉及指针。当然，数据文件也不例外。

C 程序员使用指针来管理读数据和写数据的流。流（stream）是到磁盘文件或硬盘设备（如键盘、显示器或打印机）的一个接口。尽管文件和硬盘设备完全不同，但流都能够连接它们，并且 C 程序员完全使用指针来控制流。

在 C 语言中，要指向并管理一个文件流，直接使用一个叫做 FILE 的内部数据结构。要创建 FILE 类型的指针，就像创建任何其他的变量一样，如下面的程序所示：

```
#include <stdio.h>
int main()
{
    //create 3 file pointers
    FILE *pRead;
    FILE *pWrite;
```

```
    FILE *pAppend;
    return 0;
} //end main
```

正如你所看到的，这里我创建了名为 pRead、pWrite 和 pAppend 的 FILE 指针变量。使用下面将要介绍的一系列的函数，可以打开每个 FILE 指针并管理单独的数据文件。

11.3.1 打开和关闭文件

文件处理的基本操作涉及打开、处理和关闭数据文件。打开数据文件总是会涉及一些错误检查和错误处理工作。如果没有测试一个尝试打开文件的操作的结果，有时候会在你的软件中引发不期望的程序结果。

要打开一个文件，使用标准输入/输出库的 fopen()函数。fopen()函数用于一条赋值语句中，将一个 FILE 指针传递给之前声明的 FILE 指针，如下面的程序所示：

```
#include <stdio.h>
int main()
{
    FILE *pRead; pRead = fopen("file1.dat", "r");
    return 0;
} //end main
```

这个程序使用 fopen()函数以只读的方式（稍后再详细介绍）打开一个名为 file1.dat 的数据文件。fopen()函数向 pRead 变量返回一个 FILE 指针。

数据文件扩展

使用.dat 扩展名来命名数据文件，这是很常见的做法，尽管这不是必须的。很多用来处理信息的数据文件，都拥有其他的扩展名，例如.txt 表示文本文件，.cvs 表示逗号分隔的文件，.ini 表示启动文件，.log 表示日志文件。

可以创建自己的数据文件程序，并使用你自己所选择的文件扩展名。例如，我可以编写个人的财务软件程序，打开、读取和写入到一个名为 finance.kpf 的数据文件中，其中的.kpf 表示 Keith 的个人财务。

正如前面的程序所示，fopen()函数接受两个参数，第 1 个参数为 fopen()提供要打开的文件名，第 2 个参数告诉 fopen()如何打开文件。

表 11.2 列出了使用 fopen()打开文本文件的一些常用选项。

表 11.2　文本文件的常用打开模式

模式	说明
r	打开文件以读取
w	创建文件以进行写入，丢弃任何之前的数据
a	写入到文件的末尾（添加）

在打开文件之后，应该总是要进行检查以确保成功地返回了 FILE 指针。换句话说，你想要检查没有找到具体的文件名的情况。Windows 的 Disk not ready 或 File not found 错误听起来很熟悉吧？要测试 fopen() 的返回值，在一个条件中测试一个 NULL 值，如下所示：

```
#include <stdio.h>

int main()
{
    FILE *pRead;
    pRead = fopen("file1.dat", "r");
    if ( pRead == NULL )
        printf("\nFile cannot be opened\n");
    else
        printf("\nFile opened for reading\n");
    return 0;
} //end main
```

技巧

如下的条件

```
if ( pRead ==  NULL  )
```

可以简写为如下的条件：

```
if ( pRead )
```

如果 pRead 返回一个非 NULL 的值，那么，这个 if 条件为 true，如果 pRead 返回 NULL，那么，这个条件为 false。

在成功地打开和处理一个文件之后，应该使用一个名为 fclose() 的函数来关闭文件。fclose() 函数使用一个 FILE 指针以清空文件流并关闭文件。如下所示，fclose() 函数接受一个 FILE 指针名作为参数：

```
fclose(pRead);
```

在下面的小节中，我将更多地展示 fopen()和 fclose()函数以及如何使用它们在数据文件中读取、写入和添加信息。

11.3.2 读取数据

使用像 Vim、nano 甚至 Microsoft 的 Notepad 这样常用的文本编辑器，可以很容易地创建自己的数据文件。如果你使用 Microsoft Windows 操作系统，也可以使用一个叫做 copy con 的、基于 Microsoft Windows 系统的函数，它将从键盘输入的文本复制到一个预定义的文件中，如图 11.1 所示。copy con 进程将复制从控制台输入的文本，并且使用 Ctrl+Z 添加一个文件结束标记。

要读取一个数据文件，需要使用一些新的函数。具体来说，我将展示如何使用 fscanf()和 feof()函数来读取一个文件的内容并检查是否到达文件的 EOF（文件末尾）标记。

图 11.1　使用 Microsoft 的 copy con 进程来创建一个数据文件

为了进行展示，请研究如下的程序，它读取了一个名为 names.dat 的文件，直到读到文件的末尾标记。程序的输出如图 11.2 所示：

```
#include <stdio.h>

int main()
{
    FILE *pRead;
    char name[10];
    pRead = fopen("names.dat", "r");

    if ( pRead == NULL ) {
        printf("\nFile cannot be opened\n");
        return 1; }
    else
        printf("\nContents of names.dat\n\n");
        fscanf(pRead, "%s", name);
        while ( !feof(pRead) ) {
            printf("%s\n", name);
```

```
            fscanf(pRead, "%s", name);
        } //end loop
    return 0;
} //end main
```

图 11.2　从一个数据文件读取信息

陷阱

如果没有像前面介绍的那样从命令提示符使用 copy con 来创建 names.dat 文件，那么，上面的程序将会退出并得到一个 File cannot be opened 错误，并且向操作系统返回 1，表示一个错误状态。此外，除非在 copy con 命令行的末尾使用一个回车符，否则，文件的最后一条记录是不会被读取的，因此，确保在输入最后一条记录后按下回车键。

在成功地打开 names.dat 之后，我使用 fscanf() 函数来读取文件中的单个字段。fscanf() 函数类似于 scanf() 函数，但是它操作 FILE 流并且使用 3 个参数：一个 FILE 指针、一个数据类型和一个变量，变量用来存储获取的值。在读取了记录之后，我使用 printf() 函数显示了来自文件的数据。

大多数的数据文件包含多条记录。要读取多条记录，通常使用一个循环结构，它可以读取所有的记录直到满足一个条件。如果想要读取所有的记录直到遇到文件的末尾，feof() 函数提供了一个更好的解决方案。使用非运算符（!），可以给 feof() 函数传入一个 FILE 指针，并且当遇到一个文件结束标记的时候，函数返回一个非零值，循环终止。

通过给 fscanf() 函数的第 2 个参数提供用于记录中的每个字段的一系列的类型修饰符，也可以用该函数读取包含多个字段的记录。例如，下面的 fscanf() 函数期望读取名为 name 和 hobby 的两个字符串：

```
fscanf(pRead, "%s%s", name, hobby);
```

%s 类型修饰符读取一系列的字符，直到遇到一个空白（包括空格、换行或制表符）。

可以在 fscanf() 函数中使用的其他有效的类型修饰符，参见表 11.3。

表 11.3　fscanf()类型修饰符

类型	说明
c	单个字符
d	十进制整数
e、E、f、g 和 G	浮点数
o	八进制整数
s	字符串
u	无符号的十进制整数
x、X	十六进制整数

为了展示如何读取包含带有多个字段的记录的一个文件，请看下面的程序，其输出如图 11.3 所示。

```
#include <stdio.h>

int main()
{
    FILE *pRead;
    char name[10];
    char hobby[15];
    pRead = fopen("hobbies.dat", "r");

    if ( pRead == NULL )
        printf("\nFile cannot be opened\n");
    else
        printf("\nName\tHobby\n\n");
        fscanf(pRead, "%s%s", name, hobby);
        while ( !feof(pRead) ) {
            printf("%s\t%s\n", name, hobby);
            fscanf(pRead, "%s%s", name, hobby);
        } //end loop
    return 0;
} //end main
```

陷阱

如果目录中没有一个hobbies.dat文件，那么，上面的程序将会退出并得到一个File cannot be opened 错误，并且向操作系统返回 1，表示一个错误状态。要尝试正确地运行该程序，创建一个名为 hobbies.dat 的文件，其中包含了名称和爱好的一个列表，如图 11.3 所示，并且将其保存到和测试程序相同的目录下。

图 11.3   读取带有多个字段的一个数据文件中的记录

11.3.3   写数据

将信息写入到一个数据文件，就像读取数据一样简单。实际上，可以使用和 printf()函数
类似的 fprintf()的函数，它使用一个 FILE 指针将数据写入到一个文件中。fprintf()函数接受一
个 FILE 指针、数据类型的一个列表以及值（变量）的一个列表，以向一个数据文件中写入信
息，如下面的程序所示，其输出如图 11.4 所示。

```
#include <stdio.h>

int main()
{
    FILE *pWrite;
    char fName[20];
    char lName[20];
    char game[15];
    int score;
    pWrite = fopen("highscore.dat", "w");
    if ( pWrite == NULL ) {
        printf("\nFile not opened\n");
        return 1; }
    else {
        printf("\nEnter first name, last name, game name, and game score\n\n");
        printf("Enter data separated by spaces: ");
        //store data entered by the user into variables
        scanf("%s%s%s%d", fName, lName, game, &score);
        //write variable contents separated by tabs
        fprintf(pWrite, "%s\t%s\t%s\t%d\n", fName, lName, game, score);
        fclose(pWrite);
    } //end if
    return 0;
} //end main
```

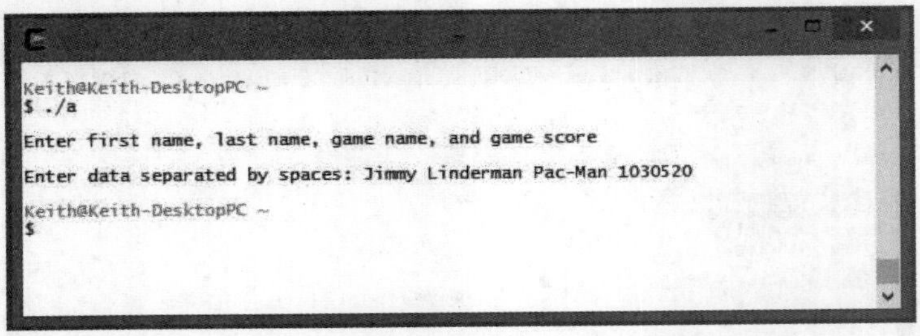

图 11.4　将一条记录的信息写入到一个数据文件中

在上面的程序中，我要求用户输入高分信息，包括名称、游戏和高分。每一段信息都被认为是记录中的一个字段，并且在输入过程中用一个空格隔开。换句话说，我能够使用一个单个的 scanf()函数和用户输入的、用空格隔开的多段数据，来读取一整行的数据。在读取了数据的每一个字段之后，使用 fprintf()函数将变量写入到一个名为的 highscore.dat 文件中。通过用制表符来分隔记录中的每一个字段（我已经创建了制表符分隔的文件），我可以很容易地使用如下的程序来读到相同的记录：

```c
#include <stdio.h>

int main()
{
    FILE *pRead;
    char fName[20];
    char lName[20];
    char game[15];
    int score;
    pRead = fopen("highscore.dat", "r");

    if ( pRead == NULL ) {
        printf("\nFile not opened\n");
        return 1; }
    else {
        //print heading
        printf("\nName\t\tGame\t\tScore\n\n");
        //read field information from data file and store in variables
        fscanf(pRead, "%s%s%s%d", fName, lName, game, &score);
        //print variable data to standard output
        printf("%s %s\t%s\t\t%d\n", fName, lName, game, score);
        fclose(pRead);
    } //end if
    return 0;
} //end main
```

图 11.5 显示了读取前面的程序中所创建的制表符隔开的文件的输出结果。

图 11.5 从 fprintf()函数创建的数据文件中读取信息

记住，使用 fopen()和一个参数值来打开一个文本文件，会擦除掉之前在该文件中存储的任何数据。下一节将介绍使用 a 属性将数据添加到该文件的末尾。

11.3.4 添加数据

在信息技术专业人士中，添加数据是常见的一种操作，因为它使得程序员能够继续编写一个已有的文件，而不需要删除之前存储的信息。

给一个数据文件添加信息，涉及在 fopen()函数中使用 a 属性，以写的方式打开该文件，并且将记录或输入写入到一个已有的文件的末尾。然而，如果这个文件不存在，则会创建一个新的文件。

研究如下的程序，它展示了如何将记录添加到一个已有的文件的末尾：

```c
#include <stdio.h>

void readData(void);

int main()
{
    FILE *pWrite;
    char name[10];
    char hobby[15];

    printf("\nCurrent file contents:\n");
    readData();

      printf("\nEnter a new name and hobby: ");
      scanf("%s%s", name, hobby);

      //open data file for append
      pWrite = fopen("hobbies.dat", "a");

      if ( pWrite == NULL )
          printf("\nFile cannot be opened\n");
      else {
          //append record information to data file
```

```
                fprintf(pWrite, "%s %s\n", name, hobby);
                fclose(pWrite);
            readData();
        } //end if
        return 0;
    } //end main

void readData(void)
{
    FILE *pRead;
    char name[10];
    char hobby[15];

    //open data file for read access only
    pRead = fopen("hobbies.dat", "r");

    if ( pRead == NULL )
        printf("\nFile cannot be opened\n");
    else {
        printf("\nName\tHobby\n\n");
        fscanf(pRead, "%s%s", name, hobby);
        //read records from data file until end of file is reached
        while ( !feof(pRead) ) {
            printf("%s\t%s\n", name, hobby);
            fscanf(pRead, "%s%s", name, hobby);
        } //end loop
    } //end if
    fclose(pRead);
} //end readData
```

通过用户定义的名为的 readData()函数，我们能够打开之前创建的 hobbies.dat 数据文件，并读取每一条记录，直到遇到文件末尾标记。在 readData()函数完成之后，我提示用户输入另一条记录。在成功地将用户的新记录写入到数据文件之后，我再次调用 readData()函数以打印出所有的记录，包括用户所添加的一条记录。图 11.6 展示了使用上面的程序给数据文件添加信息的过程。

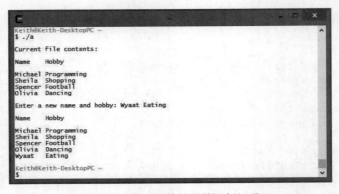

图 11.6　给一个数据文件添加记录

11.4 goto 语句和错误处理

无论何时，当你的程序和外部世界交互的时候，你都应该提供某种形式的错误处理，以防止意外的输入或输出。提供错误处理的一种方式，就是编写自己的错误处理程序。

错误处理程序就是你的程序的"交通管理员"。最好的错误处理程序，会考虑到多种多样的编程错误和人类产生的错误的可能性，并且尽可能地解决问题，而在遇到一个无法解决的错误的时候则会优雅地退出程序。

> ### goto 简史
>
> goto 关键字是较早的一种编程实践的产物，并且曾经在 BASIC、COBOL 甚至 C 等各种语言中流行。goto 通常用于设计和编写模块化的程序。为了将程序分解为可以管理的小块，程序员会创建模块并且使用关键字 goto 来连接它们，以模拟函数调用。
>
> 在使用 goto 编写程序多年之后，程序员开始意识到这造成了糟糕的"意大利面条"式的代码，这种代码随时变得无法跟踪或调试。好在，结构化程序设计泛型的改进以及事件驱动和面向对象编程技术几乎使得人们不再需要使用 goto 了。

由于 C 语言缺乏内建的异常处理，它接受使用曾经知名的 goto 关键字。特别是，如果你想要将错误处理和每一个例程分隔开，并且避免编写重复性的错误处理程序，goto 可能会是一种好的选择。

使用 goto 很简单，首先在你想要让错误处理程序运行（开始）的地方，加入一个标签（一个具有描述性的名称），后面跟着一个冒号（:）。在要调用错误处理程序（就是想要检查错误的地方），直接使用关键字 goto，后面跟着标签名称。参见下面的示例：

```
int myFunction()
{
    int iReturnValue = 0; //0 for success
    /* process something */
    if(error)
    {
        goto ErrorHandler; //go to the error-handling routine
    }
    /* do some more processing */
    if(error)
```

```
    {
        ret_val = [error];
        goto ErrorHandler; //go to the error-handling routine
    }
ErrorHandler:
    /* error-handling routine */
    return iReturnValue ;
}
```

上面的代码中的标签是 **ErrorHandler**，这是我所给出的一个简单的名称，用来标识或标记我的错误处理程序。在相同的示例代码中，可以看到我想要在每一个 if 结构中检查错误。如果存在一个错误，使用关键字 goto 来调用错误处理程序。

看看下面的程序代码，其输出如图 11.7 所示，它展示了如何使用 goto 和几个新的函数（perror() 和 exit()）来编写一个文件 I/O 程序中的错误处理程序：

```
#include <stdio.h>
#include <stdlib.h>

int main()
{
    FILE *pRead;
    char name[10];
    char hobby[15];
    pRead = fopen("hobbies.dat", "r");
    if ( pRead == NULL )
        goto ErrorHandler;
    else {
        printf("\nName\tHobby\n\n");
        fscanf(pRead, "%s%s", name, hobby);
        while ( !feof(pRead) ) {
            printf("%s\t%s\n", name, hobby);
            fscanf(pRead, "%s%s", name, hobby);
        } //end loop
    } //end if

    exit(EXIT_SUCCESS); //exit program normally

    ErrorHandler:
        perror("The following error occurred");
        exit(EXIT_FAILURE); //exit program with error
} //end main
```

exit() 函数是 <stdlib.h> 库的一部分，它终止了一个程序，就好像程序正常退出一样。通常，当想要让一个程序在遇到文件 I/O（输入/输出）错误的时候终止程序，程序员就会使用 exit()

函数，如下所示：

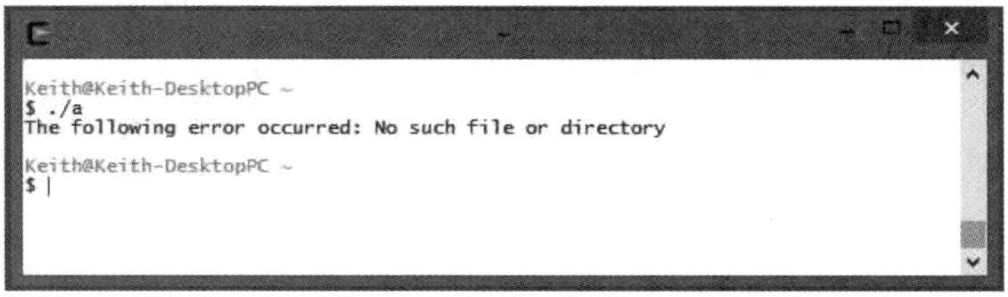

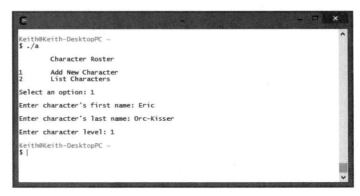

图 11.7　使用 perror() 和 exit() 函数来显示一条错误消息并退出程序

```
exit(EXIT_SUCCESS);  //exit program normally
//or
exit(EXIT_FAILURE);  //exit program with  error
```

exit() 函数接受一个参数，这是一个常量，是 EXIT_SUCCESS 或 EXIT_ FAILURE，这二者分别返回一个预定义的值表示成功或失败。

perror() 函数给标准输出发送一条消息，说明所遇到的最近的错误。perror() 函数接受一个单个的字符串参数（会首先打印它），后面跟着一个逗号和一个空格，然后是系统生成的错误消息和一个换行符，如下所示：

```
perror("The following error occurred");
```

11.5　本章程序：Character Roster

Character Roster 程序使用了本章介绍的很多概念，包括字段、记录、数据文件、FILE 指针和错误处理程序，来编写游戏人物的一个简单的电子列表。具体来说，Character Roster 程序让用户添加一个人物的名字和姓氏，以及他们的修炼级别，并且会列出整个列表的内容。

图 11.8　给一个数据文件添加记录

在阅读完本章并学习了 Character Roster 程序的代码之后，你应该能够编写自己的游戏，以使用数据文件来存储各种信息了。此外，你可以编写自己的类似数据库的程序，或者根据本章挑战的要求来对 Character Roster 程序做出修改。

如下是 Character Roster 程序的所有代码：

```
#include <stdio.h>
#include <stdlib.h>

int main() {
    int response;
    char * lName[20] = {0};
    char * fName[20] = {0};
    char * level[20] = {0};
    FILE * pWrite;
    FILE * pRead;

    printf("\n\tCharacter Roster\n");
    printf("\n1\tAdd New Character\n");
    printf("2\tList Characters\n\n");
    printf("Select an option: ");

    scanf("%d", & response);

      if (response == 1) {

          /* user is adding a new character   get the info */
          printf("\nEnter character's first name: ");
          scanf("%s", fName);

          printf("\nEnter character's last name: ");
          scanf("%s", lName);

          printf("\nEnter character level: ");
          scanf("%s", level);

        pWrite = fopen("character_roster.dat", "a");

        if (pWrite != NULL) {
            fprintf(pWrite, "%s %s %s\n", fName, lName, level);
            fclose(pWrite);

        } else goto ErrorHandler; //there is a file i/o error

    } else if (response == 2) {
```

```
            /* user wants to list all characters */
            pRead = fopen("character_roster.dat", "r");
    if (pRead != NULL) {
            printf("\nCharacter Roster\n");

            while (!feof(pRead)) {
                fscanf(pRead, "%s %s %s", fName, lName, level);

                if (!feof(pRead))
                    printf("\n%s %s\t%s", fName, lName, level);
            } //end loop

            printf("\n");

        } else goto ErrorHandler; //there is a file i/o error

    } else {
        printf("\nInvalid selection\n");
    }

    exit(EXIT_SUCCESS); //exit program normally

    ErrorHandler: perror("The following error occurred");
    exit(EXIT_FAILURE); //exit program with error

} //end main
```

11.6　本章小结

- 数据文件通常是基于文本的，并且用于存储和获取相关的信息，就像那些存储在数据库中的信息一样。

- 位也称为二进制位，是数据文件的最小的单位。每个位的值只能是 0 或 1。

- 位是计算机系统中最小的度量单位。

- 字节通常由 8 个位组成，并且用来存储一个单个的字符，例如数字、字母或在字符集中所能找到的、任何其他的字符。

- 成组的字符叫做字段。

- 记录是字段的逻辑分组，它包含了单个一行的信息。

- 数据文件是由一条或多条记录组成的。

- 在 C 语言中，要指向并管理一个文件，直接使用一个叫做 FILE 的内部数据结构。

- 要打开一个文件，使用标准输入/输出库的 fopen()函数

- fclose()函数使用一个 FILE 指针以清空文件流并关闭文件。

- fscanf()函数类似于 scanf()函数，但是它操作 FILE 流并且使用 3 个参数：一个 FILE 指针、一个数据类型和一个变量，变量用来存储所获取的值。

- 要测试是否到达文件结束标记，给 feof()函数传入一个 FILE 指针，并且执行循环直到该函数返回一个非零值。

- fprintf()函数接受一个 FILE 指针、数据类型的一个列表以及值（变量）的一个列表，以便向一个数据文件中写入信息。

- 给一个数据文件添加信息，涉及在 fopen()函数中使用属性 a，以写的方式打开该文件，并且将记录或输入写入到一个已有的文件的末尾。

- 关键字 goto 用来模拟函数调用，并且可以用来编写错误处理程序。

- exit()函数终止一个程序。

- perror()函数给标准输出发送一条消息，说明所遇到的最近的错误。

11.7　编程挑战

1．使用任何基于的文本编辑器来编写一个名为 superheroes.dat 的数据文件，至少输入 3 条记录来存储超级英雄的名字及其主要的超能力。确保记录中的每个字段都使用一个空格隔开的。

2．使用挑战 1 中的 superheroes.dat 文件，编写另外一个程序，它使用 fscanf()函数读取每一条记录并且把字段信息打印到标准输出，直到到达文件末尾。包含一个错误处理程序，它提醒用户任何的系统错误并且退出程序。

3．编写另一个程序，它使用带有选项的菜单来输入有关怪物的信息（怪物类型、特殊能力和弱点），打印出怪物的信息，或者退出程序。使用数据文件和 FILE 指针来存储和打印输入的信息。

4．修改 Character Roster 程序，以使得用户能够输入多个条目而不需要退出或重新启动程序。

5．继续修改 Character Roster 程序，以使得用户能够修改或删除人物及其在列表中的能力级别。

第 12 章
C 预处理器

理解 C 预处理器是学习如何编写具有多个文件的较大的程序的重要一步。在本章中，我们将学习如何将 C 程序分解为多个文件，并且使用 gcc 编译器将这些文件连接并编译为一个单个的、有效的、可执行的软件程序。此外，我们还将学习了诸如符号常量、宏、函数头和定义文件等有关预处理器的技术和概念。

本章包括如下内容：

* 理解 C 预处理器；

* 编写较大的程序；

* 本章程序：Function Wizard。

12.1 理解 C 预处理器

C 程序必须经过几个步骤，然后才能够创建一个可执行的文件。这些步骤通常都是由预处理器、编译器和链接器执行的，而这些都是 gcc 这样的软件程序所配备的程序。正如第 1 章所介绍的，gcc 执行如下的步骤来创建一个可执行文件：

1．预处理程序代码并查找各种指令；

2．生成错误代码和消息；

3．将程序代码编译为目标代码，并且将其临时存储在磁盘上；

4．将任何必需的库链接到目标代码并创建一个可执行文件以存储到磁盘上。

在本章中，我们主要关注预处理，这通常涉及读取叫做预处理器指令（preprocessor directive）的特殊语句。预处理器指令通常会分布在整个 C 源代码文件中（源代码文件以.c 为文件扩展名），并且承担着很多常见的和有用的功能。具体来说，存在于 gcc 中的 ANSI C 预处理器，可以通过有条件的编译来插入或替代文本和组织源代码。你所遇到的预处理器的类型，决定了其功能。

在你的第 1 个程序中，就已经使用过预处理器指令了。考虑一下 C 库头文件<stdio.h>和<string.h>，它们通常出现在 C 程序的开始处。要使用头文件中定义的库函数，例如 printf()或 scanf()，必须使用一条叫做#include 的预处理器指令来告诉 C 预处理器包含指定的头文件或文件。

如下是使用这条预处理器指令的一个示例：

```
#include <stdio.h>

int main()
{
    printf("\nHaving fun with preprocessor directives\n");
    return 0;
}
```

井号（#）是一个特殊的预处理器字符，它用于告诉预处理器执行某些动作。实际上，所有的预处理指令都是使用#符号来作为前缀的。此外，你可能会对此感到惊讶：预处理器有其自己的语言，可以用来构建符号常量和宏。

12.1.1 符号常量

符号常量（symbolic constant）很容易理解。实际上，符号常量和我们在第 2 章中学习的应用程序中的常量数据类型相似。和其他的预处理指令也一样，必须在任何函数之外创建符号常量。

此外，符号常量之前必须使用一个#define 预处理器指令，如下所示：

```
#define NUMBER  7
```

当预处理器遇到了一个符号常量名称的时候，在这个例子中就是 NUMBER，在常量名出现的所有的地方，预处理器都使用从源代码中所找到的该常量的定义来替代它。记住，这是一个预处理器指令，因此，文本替换的过程发生在将程序编译为可执行文件之前。如下的程序展示了符号常量是如何工作的，其输出如图 12.1 所示。

```
#include <stdio.h>
#define NUMBER 7

int main()
{
    printf("\nLucky Number %d\n", NUMBER);
    return 0;
}
```

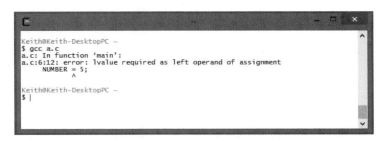

图 12.1　使用符号常量的预处理器指令的示例

在使用符号常量的时候，应该遵守两个规则。首先，总是将符号常量大写，以便能够很容易从程序代码中找到它们。其次，不要试图给符号常量重新赋值数据，如下所示：

```
#include <stdio.h>
#define NUMBER 7

int main()
{
    printf("\nLucky Number %d\n", NUMBER);
    NUMBER = 5; //cannot do this
    return 0;
}
```

试图修改一个符号常量的值，将会导致程序无法成功编译，如图 12.2 所示。

图 12.2　试图修改一个符号常量的值，将会导致编译错误

预处理器指令是 C 语句吗?

　　预处理器指令是在编译器开始工作之前执行的操作。预处理器指令只是在源程序开始编译之前修改它。之所以没有使用分号，是因为它们并不是 C 语句，并且在程序执行的过程中并不会执行它们。在#include 的例子中，预编译器指令扩展了源代码，以致编译器最终完成自己的工作的时候，所看到的源程序要大得多。

12.1.2　创建和使用宏

宏（macro）提供了另一种有趣的方式，进行预处理器文本替换。实际上，C 预处理器处理宏的方式和处理符号常量类似，它们使用文本替换技术，并且使用#define 语句来创建。

对于经常执行的任务，宏提供了一种有用的快捷方式。例如，考虑如下的计算矩形面积的公式：

```
Area of a  rectangle = length x  width
```

如果长和宽总是 10 和 5，那么，我们可以像下面这样来编写一个宏：

```
#define AREA 10  *  5
```

然而，在现实世界中，我们知道如果这不是没有太大用处的话，也会太有局限性了。像一个用户定义的函数那样来使用输入和输出变量编写宏的时候，宏可以发挥更大的作用。当按照这种方式编写的时候，并且使用到容易重复的语句的时候，宏能够节省 C 程序员的录入时间。为了说明这一点，我们来看看如下的程序，它改进了计算矩形面积的公式：

```
#include <stdio.h>
#define AREA(l,w) ( l * w )

int main()
{
    int length = 0;
    int width = 0;

    printf("\nEnter length: ");
    scanf("%d", &length);

    printf("\nEnter width: ");
    scanf("%d", &width);

    printf("\nArea of rectangle = %d\n", AREA(length,width));
    return 0;
}
```

图 12.3 展示了上面的程序的示例输出，它使用一个宏来计算一个矩形的面积。

这个宏的行为和任何的 C 库或用户定义的函数类似，它接受参数并返回值，如图 12.3 所示。C 预处理器已经使用了在 main()函数之外定义的宏定义，替换了 main()函数中的 AREA 宏。

再一次，所有的这些都发生在编译（创建）一个可执行文件之前：

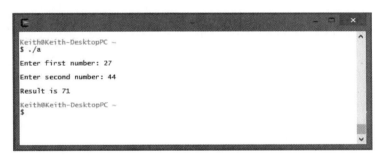

图 12.3 使用宏来计算一个矩形的面积

```
#define  AREA(l,w) ( l *  w )
```

这个宏的第一部分定义了宏的名称为 AREA。接下来的字符序列（l、w）告诉预处理器，这个宏需要接受两个参数。AREA 宏的最后一部分（l * w）告诉预处理器这个宏做什么。预处理器并不会执行宏的计算。相反，它使用宏的定义来替换源文件中对于 AREA 的任何引用。

你可能会惊讶地发现，除了简单的数值计算，宏还可以包含诸如 printf()这样的库函数，如下面的程序所示（其输出如图 12.4 所示）。

图 12.4 在一个宏定义中使用 printf()函数

```c
#include <stdio.h>
#define RESULT(x,y) ( printf("\nResult is %d\n", x+y) )

int main()
{
    int num1 = 0;
    int num2 = 0;

    printf("\nEnter first number: ");
    scanf("%d", & num1);

    printf("\nEnter second number: ");
    scanf("%d", & num2);
```

225

```
    RESULT(num1, num2);
    return 0;
}
```

图 12.4 说明可以很容易地在宏定义中使用库函数。记住，不要在宏定义中使用一个分号。再来看一眼我所使用的宏定义：

```
#define  RESULT(x,y) ( printf("\nResult is  %d\n", x+y)  )
```

在宏定义中，我没有在语句的结尾或宏的结尾使用分号，因为这么做的话，gcc 编译器将会返回一个解析错误，这会刚好出现在引用 RESULT 宏的那一行。但是，为什么在引用宏的那一行，而不是在定义宏的那一行呢？记住，预处理器会根据#define 预处理器命令来进行文本替代，当它试图替代 RESULT 引用的时候，main()函数的源代码可能会如下所示：

```
int main()
{
    int operand1 = 0;
    int operand2 = 0;

    printf("\nEnter first operand: ");
    scanf("%d", &operand1);

    printf("\nEnter second operand: ");
    scanf("%d", &operand2);

    /* The following macro reference... */
    RESULT(num1, num2);
    /* ...might be replaced with this: */
    printf("\nResult is %d\n", x+y);; //notice the extra semicolon
    return 0;
}
```

注意最后的函数中的额外的分号。由于在宏定义和宏调用中使用了一个分号，这两个分号都会被编译器处理，潜在地会产生一个解析错误。

12.2　编译较大的程序

在第 5 章中，我们介绍了使用诸如自顶向下的设计和函数等结构化编程技术，将较大的问题分解为较小的、易于管理的问题。在本节中，我们将扩展这些概念，介绍如何使用预处理器指令、头文件和 gcc 将程序划分为单个的程序文件。

将一个程序划分为单独的文件，这使得你能够很容易地复用各个部分（函数），并且提供了一个环境，使得程序员能够在其中同时从事相同的软件应用程序的工作。你已经知道了，结构化编程涉及将问题分解为可管理的部分。到目前为止，我们已经通过将任务分解为可以用函数原型和函数头来编写的部分，从而学习了如何做到这一点。有了这些知识，并且理解了 C 预处理器如何使用多个文件，你将会发现，将程序划分为单独的文件实体很容易。

考虑一下预处理器指令#include <stdio.h>。这条指令告诉 C 预处理器，在链接过程中，将标准输入输出库包含到你的程序中。由于<stdio.h>库主要包含了函数头或函数原型，因此，其扩展名为.h。标准输入输出库的实际函数实现或定义都存储在一个叫做 stdio.c 的、完全不同的文件中。你不必将这个文件包含到你的程序中，因为根据相关的头文件和预定义的目录结构，gcc 编译器自动就能够知道在哪里可以找到它。

应用我们目前对函数的知识和一些技术，可以很容易地编写自己的头文件和定义文件。为了证实这一点，考虑一个计算利润的简单程序。要计算利润，使用如下的公式：

```
Profit =  (price)(quantity sold) - total cost
```

我们将一个计算利润的程序分解为如下的 3 个单独的文件：

- 函数头文件——profit.h；
- 函数定义文件——profit.c；
- main 函数——main.c；

12.2.1　头文件

头文件以.h 扩展名结尾，并且包含了函数原型，这包括函数所需的各种数据类型或常量。要编写利润计算程序的函数头文件，我们将创建一个名为 profit.h 的新的文件，并且将如下的函数原型放到其中：

```
void profit(float, float, float);
```

由于我在利润程序中使用了一个单个的用户定义的函数，而上面的语句只是头文件中所需的代码。我还必须使用任何的文本编辑器程序，如 vi、Nano 或 Microsoft Notepad 来创建这个文件。

12.2.2　函数定义文件

函数定义文件包括实现头文件中相应的函数原型所需的所有代码。在用所需的原型编写了头文件之后，我可以开始创建其对应的函数定义文件了，这个文件叫做 profit.c。

对于计算利润程序，函数实现如下所示：

```
#include <stdio.h>

void profit(float p, float q, float tc)
{
    printf("\nYour profit is %.2f\n", (p * q) - tc);
}
```

现在，我已经创建了两个不同的文件，用于函数原型的 profit.h 文件和用于函数实现的 profit.c 文件。记住，这些文件中的任何一个都还没有编译。稍后再来讨论这一点。

12.2.3　main()函数

既然已经编写了函数文件和定义文件，我们可以集中精力来创建主程序文件了，在这个文件中，我们在 C 预处理器的帮助下，把所有的内容组合到一起。编写利润计算程序的 main() 函数所需的代码如下：

```
#include <stdio.h>
#include "profit.h"

int main()
{
    float price, totalCost;
    int quantity;

    printf("\nThe Profit Program\n");
    printf("\nEnter unit price: ");
    scanf("%f", &price);

    printf("Enter quantity sold: ");
    scanf("%d", &quantity);

    printf("Enter total cost: ");
    scanf("%f", &totalCost);

    profit(price,quantity,totalCost);
    return 0;
} //end main
```

以上所有的程序代码都保存在 main.c 文件中，程序很简单，并且你应该已经熟悉了，只有如下的内容有点例外：

```
#include  <stdio.h> #include  "profit.h"
```

第 1 条预处理器指令告诉 C 预处理器找到并包含标准输入输出库头文件。用一条#include

语句，并且用尖括号（<>）把头文件包围起来，这就告诉 C 预处理器在预定义的安装目录中查找该头文件。第 2 条#include 语句也告诉 C 预处理器，包含一个头文件，然而这一次，我还使用了双引号将自己的头文件包围了起来。以这种方式使用双引号，是告诉 C 预处理器，在和编译文件相同的目录中查找该头文件。

要正确地链接和编译使用了多个文件的一个程序，将所有以.c 结尾的定义文件传递给 gcc 编译器，文件名之间用一个空格隔开，如图 12.5 所示。

图 12.5 使用 gcc 来链接多个文件

在预处理指令之后，链接多个文件并且编译，gcc 会生成一个单个的、可工作的、可执行文件，如图 12.6 所示。

图 12.6 展示由多个文件组成的一个程序的输出

12.3 本章程序：Function Wizard

Function Wizard 使用多个文件来编写一个单个的程序，它将计算如下的基于矩形的函数，如图 12.7 所示：

- 计算一个矩形的周长；
- 计算一个矩形的面积；
- 计算一个长方体的容积。

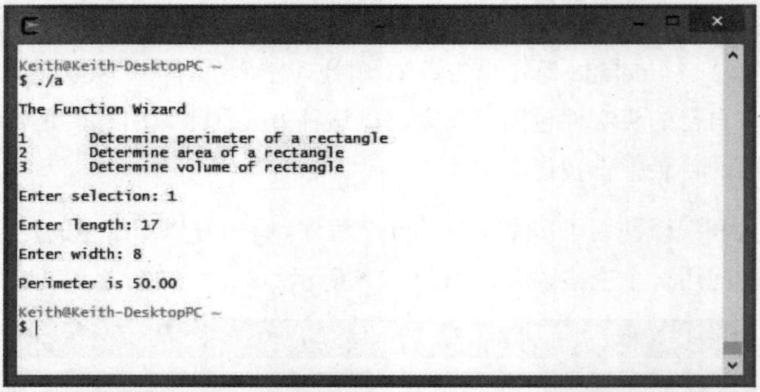

图 12.7　使用本章介绍的概念来编写 Function Wizard 程序

Function Wizard 中的每一个文件的所有程序代码，都在下面相应的小节中列出。

12.3.1　ch12_calculate.h

头文件 ch12_calculate.h 列出了分别计算矩形的周长、面积以及长方体的容积的 3 个函数的原型：

```
void perimeter(float, float);
void area(float, float);
void volume(float, float, float);
```

12.3.2　ch12_calculate.c

函数定义文件 ch12_calculate.c 实现了 ch12_calculate.h 中的函数原型。

```
#include <stdio.h>
void perimeter(float l, float w)
{
    printf("\nPerimeter is %.2f\n", (2*l) + (2*w));
}

void area(float l, float w)
{
    printf("\nArea is %.2f\n", l * w);
}

void volume(float l, float w, float h)
{
    printf("\nThe volume is %.2f\n", l * w * h);
}
```

12.3.3 ch12_main.c

主程序文件 ch12_main.c 使得用户能够计算矩形的周长、面积和长方体的容积。注意，它包含了头文件 ch12_header.h，而这个头文件包含了基于矩形的函数的原型：

```c
#include <stdio.h>
#include "ch12_calculate.h"

int main()
{
    int selection = 0;
    float l,w,h;

    printf("\nThe Function Wizard\n");
    printf("\n1\tDetermine perimeter of a rectangle\n");
    printf("2\tDetermine area of a rectangle\n");
    printf("3\tDetermine volume of rectangle\n");

    printf("\nEnter selection: ");
    scanf("%d", &selection);

    switch (selection) {
    case 1:
        printf("\nEnter length: ");
        scanf("%f", &l);
        printf("\nEnter width: ");
        scanf("%f", &w);
        perimeter(l,w);
        break;
    case 2:
        printf("\nEnter length: ");
        scanf("%f", &l);
        printf("\nEnter width: ");
        scanf("%f", &w);
        area(l,w);
        break;
    case 3:
        printf("\nEnter length: ");
        scanf("%f", &l);
        printf("\nEnter width: ");
        scanf("%f", &w);
        printf("\nEnter height: ");
        scanf("%f", &h);
        volume(l,w,h);
        break;
    } // end switch
```

```
    return 0;
} // end main
```

记住，要编译两个源文件，命令如下所示：

```
$ gcc ch12_main.c ch12_calculate.c
```

12.4　本章小结

- 井号（#）是一个特殊的预处理器字符，它用于告诉预处理器执行某些动作。

- 符号常量必须在任何函数之外创建，而且它之前必须使用一个#define 预处理器指令。

- 试图修改一个符号常量的值，将会导致程序无法成功编译。

- 预处理器指令不是用 C 语法实现的，因此，不必在程序语句的后面使用分号。在一条预处理器指令的后面插入一个分号，将会在编译过程中导致一个解析错误。

- 宏为经常执行的任务提供了一种有用的快捷方式。

- 宏可以包含像 printf()这样的库函数。

- 将一个程序划分为单独的文件，使得你能够很容易地复用各个部分（函数），并且提供一个环境，使得程序员能够在其中同时从事相同的软件应用程序的工作。

- 头文件以.h 扩展名结尾，并且包含了函数原型，这包括函数所需的各种数据类型或常量。

- 函数定义文件包括了实现头文件中相应的函数原型所需的所有代码。

- 使用双引号将一个头文件括起来，这就告诉 C 预处理器，在编译该文件的相同的目录下查找该头文件。

- 要正确地链接和编译使用了多个文件的一个程序，将所有以.c 结尾的定义文件传递给 gcc 编译器，文件名之间用一个空格隔开。

12.5　编程挑战

1. 编写一个程序以创建一个宏，使用如下的公式，计算一个圆形的面积。

Area = $\pi \cdot r^2$ (area = pi × radius × radius)

在同一个程序中，提示用户输入圆的半径。使用这个宏来计算圆形的面积并将结果显示给用户。

2．编写一个简单的程序，它提示用户输入一个矩形的长度和宽度，并使用宏来计算矩形的周长。在获取了长度和宽度之后，将数据作为参数传递到宏的调用中。使用如下的算法来计算出矩形的周长：

Perimeter of a rectangle = 2(length) + 2 (width)

3．使用和挑战 1 中类似的程序，用一个宏来计算总的收入。使用如下的公式来计算总收入：

Total revenue = (price)(quantity)

4．修改 Function Wizard 程序，以包含如下的函数：

Average cost = total cost / quantity

5．使用本章中的概念，将第 7 章中的 Cryptogram 程序分解为多个文件。

12.6 如何继续学习

C 语言并不是一种容易学习的编程语言，因此，在学会这种人类所开发出来的最具有挑战性和最强大的编程语言的时候，你应该有一种成就感。

如果你还没有获得这种成就感，请编写程序来解决每一章末尾的挑战。学习如何编程的唯一方法就是去编程，这一点再怎么强调也不为过。这就像学习一门口语，只有大量地读和听才能够掌握。学一门语言的关键，通常是要去说它，同样，学习 C 语言的关键就是编程。

如果你想要学习有关 C 语言的更多知识，我建议你阅读本书的附录 F。在那里，你可以找到很多有用的函数以进行研究。如果你想要寻找 C 语言方面的一些高级挑战，我推荐你学习诸如链表、栈、队列和树等高级数据结构。

学习 C 编程的学生的另一种自然的进步，就是想学习如何开发图形用户界面以实现类似 Windows 的环境。如今，人们通常使用语法和 C 语言类似的面向对象编程语言（如 C++、C# 甚至 Java）来编写 GUI 程序，而你只需要学习面向对象编程泛型就可以了。

通过在互联网上搜索，或者通过 Cengage Learning 的 Web 站点 www.cengageptr.com，你可以找到和这些主题相关的很多信息。祝你的编程之路一路好运！

本附录包含了常用的 UNIX shell 命令的列表。要了解使用这些命令的详细信息，包括其选项等信息，请在 shell 提示行输入如下的命令之一：

```
man <command>
```

或

```
help <command>
```

例如，要查看使用 mkdir 来创建一个新目录的选项，输入如下的指令：

```
man mkdir
```

shell 将会打开 mkdir 的文档。可以按下回车键或者使用箭头键来滚动内容，当完成的时候，按下 Q 键来退出。

技巧

一些命令有完整的文档，而有些命令则没有，因此，如果你没有使用 man <command> 命令得到想要的信息，尝试使用 man <command>。注意，有些命令甚至使用 info <command> 来提供信息。

表 A.1　常用 UNIX 命令

命令	功能
>	重定向操作符，将数据写入到一个文件
>>	附加操作符，将数据添加到一个文件
help	显示一些 shell 命令的帮助信息
cat *<textfile>*	列出指定的文本文件的内容
cd　*<directory>*	改变目录。如果没有指定，就返回主目录
chmod *<options><filename>*	改变文件属性，这由访问权限来决定
cp　*<srcfile><desfile>*	将源文件复制到目标文件

续表

命令	功能
date	显示当前日期和时间
gcc *<source filename>*	编译一个 C 程序
grep *<string><filename>*	在文件中搜索某一个字符串
history	显示之前使用的 shell 命令
kill *<options>*	终止一个进程
logout	退出一个控制台会话
ls	列出一个目录的内容
man *<command>*	显示某些 shell 命令的文档（手册）
mkdir	创建一个目录
mv *<oldname><newname>*	移动或重命名文件
nano　*<filename>*	在 nano 文本编辑器中编辑指定的文件。如果没有指定文件名，用一个空白文件启动 nano 编辑器
ps	显示进程状态
pwd	显示工作目录
. rm	删除文件
rmdir	删除一个目录
vim　*<filename>*	在 Vim 文本编辑器中编辑指定的文件。如果没有指定文件名，用一个空白文件启动 Vim 编辑器

附录 **B**
Vim 快速参考

Vim 是流行的 UNIX 文本编辑器 vi 的提高版。大多数时候，vi 中的命令在 Vim 中也可以使用，并且反之亦然。

Vim 在两种不同的模式下工作，并且使用 Esc 键来在模式之间切换，这就是插入模式和命令模式。在插入模式中，输入的字符构成一个文档或程序。然而，在命令模式中，按下的键就会将它们转换各种功能。最让 Vim 的新用户感到沮丧的，就是这两种模式之间的区别。

陷阱

如果你没有安装 Vim，回到 Cygwin 安装程序。在选择了 Packages 部分后，展开 Editors 分类并从列表中选择 vim 和 vim-common，这会更新 Cygwin 的安装以使得 Vim 可用。

要启动 Vim，在命令提示行中输入 vi 或 vim。图 B.1 展示了 Vim 的启动界面。

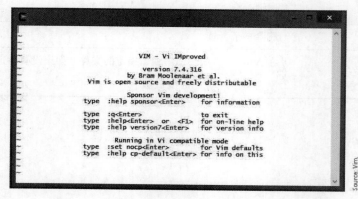

图 B.1　Vim 的启动界面

Vim 包含了一个很好的用户指南和帮助系统，因此，我不需要在重新发明轮子，只需要向你介绍如何查阅内建的 Vim 帮助文件和用户指南。

在 Vim 界面中，输入如下内容：

```
:help
```

单词 help 前面的冒号是必需的，实际上，它告诉 Vim，你输入的是一条命令。

如图 B.2 所示，可以使用箭头键在帮助文件中导航。在查看了帮助文件之后，你可能会注意到有一些其他的文件列表可以浏览。你可能想要打开另一个 Cygwin shell 并开始另一个 Vim 会话，以便可以按照 Vim 用户指南进行实际的操作。

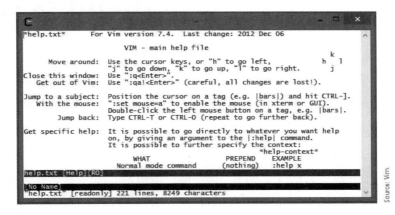

图 B.2　Vim 帮助界面

帮助文件一共有 10 章，但是我建议你至少查看并研究如下的内容：

- usr_01.txt；

- usr_02.txt；

- usr_03.txt；

- usr_04.txt。

当你准备好开始浏览新的文件（usr_01.txt）之后，直接从帮助界面输入如下内容：

```
:help usr_01.txt
```

从用户文档的每一个界面，可以按照上述的样式来访问下一个用户文档。

附录 C
nano 快速指南

nano 是一款免费的、基于 UNIX 的文本编辑器，类似于 Pico，而 Pico 的功能要少一些。nano 是易于使用并且易于学习的 UNIX 文本编辑器，你可以用它来编写文本文件，编写 Java、C++和 C 程序。

要开始一个 nano 进程，直接在 Cygwin UNIX 命令提示行输入 nano（如图 C.1 所示）。如果使用 Cygwin 之外的另一个 UNIX shell，你可能无法访问 nano。在这种情况下，可以使用另一个 UNIX 编辑器 Pico，它和 nano 具有相同的功能和命令结构。

陷阱

如果没有安装 nano，回到 Cygwin 安装程序。在选择了 Packages 部分之后，展开 Editors 分类，并且从列表中选择 nano，它会更新你的 Cygwin 安装以使得 nano 编辑器变得可用。

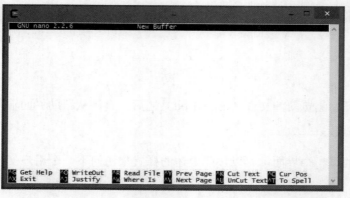

图 C.1　免费的 UNIX 文本编辑器 nano

和 Vim 或 vi 不同，nano 在一种模式下运行。只有一个基本的工作模式，这使得它成为 UNIX 初级用户的优秀的候选工具，但是，它并没有 Vim 或 vi 所提供的很多高级的文本编辑功能。

要创建一个新的文本文件（C 程序、信件、备忘录等），直接从 nano 的界面开始输入。

nano 有两类程序选项。第 1 类选项在启动 nano 程序的时候使用。例如，下面的命令使用一个选项来启动 nano，以持续地显示光标位置：

```
$ nano c
```

表 C.1 给出了 nano 启动选项的完整列表。这个列表来自免费的 nano 帮助文件，可以通过在命令提示行输入 man nano 来阅读这个完整的帮助文件。

表 C.1　nano 的启动选项

选项	说明
-T	设置制表符宽度
-R	打开正则表达式以匹配搜索字符串
-V	显示当前版本和作者
-h	显示命令行选项
-c	持续显示光标位置
-i	将新行缩进到和上一行对齐
-k	剪切从光标开始到行尾的内容
-l	用一个新的文件替换符号链接
-m	打开鼠标支持（如果可用的话）
-p	模拟 Pico
-r	在达到的列号折行
-s	打开替代拼写检查器命令
-t	保存修改的缓存而不提示
-v	以只读模式查看行
-w	关闭较长的行的折行
-x	关闭编辑器底部的帮助界面
-z	打开挂起功能
+LINE	启动时将光标放置在 LINE 处

一旦进入到 nano 编辑器，可以使用多条命令来帮助你编辑文本文件。可以通过 Ctrl+^、功能键或 Esc 或 Alt 按键组成的按键序列，来使用大多数的 nano 命令结构。表 C.2 列出了最常用的 nano 命令，在 Get Help 功能中可以找到这些命令。

表 C.2　常用 Nano 命令

Ctrl-键序列	可选键	说明
^G	F1	打开帮助菜单
^X	F2	退出 nano
^O	F3	将当前文件写入到磁盘（保存）
^R	F5	向当前文件插入一个新的文件
^\		在编辑器中替换文本
^W	F6	搜索文本
^Y	F7	移动到之前的界面
^V	F8	移动到下一个界面
^K	F9	剪切当前行并将其存储到缓存中
^U	F10	将缓存内容剪切到当前行
^C	F11	显示光标位置
^T	F12	调用拼写检查程序（如果可用的话）
^P		移动到前一行
^N		移动到下一行
^F		向前移动一个字符
^B		向后移动一个字符
^A		移动到当前行的开始处
^E		移动到当前行的末尾
^L		刷新屏幕
^^		标记位于当前光标位置的文本
^D		删除光标下方的字符
^H		删除字符直到光标的左边
^I		插入制表符字符
^J	F4	对齐当前段
^M		在光标位置插入回车

附录 D

TCC 快速参考

Tiny C Compiler（TCC）是一款 Windows 下的免费的 C 编译器。TCC 是 Fabrice Bellard 在 2002 年开发的。尽管 TCC 不在持续开发了，但仍然有很多人在使用它，并且它对于在 Windows 环境下编译 C 源代码非常有用。

TCC 有一些超越其他 C 编译器的优点，它很小、快速并且不需要任何特殊的配置。尽管对于本书中使用的小程序来说不会看到任何的差异，但是，TCC 在 Windows 下生成可执行文件的速度要比 gcc 快好几倍。

D.1 在 Windows 下安装和配置 TCC

下载、安装和配置 TCC，与安装从 Windows 命令提示符窗口运行的其他程序是一样的，但是如果你不熟悉如何在 Windows 下使用命令提示符，可以按照本节和下面的小节的介绍来准备 TCC，以便将其用于本书的示例代码。

D.1.1 下载 TCC

要下载 TCC，访问 http://bellard.org/tcc 并点击该页面的 Download 链接。这将会打开如图 D.1 所示的一个页面。

如果你使用的是 32 位的 Windows 版本，点击如下的链接：

```
tcc-0.9.26-win32-bin.zip
```

如果你使用的是 64 位的 Windows 版本，点击如下的链接：

```
tcc-0.9.26-win64-bin.zip
```

技巧

如果你不知道自己使用的是 32 位还是 64 位的 Windows，打开控制面板，打开系统图标。在系统部分，在 General 标签页下（根据你的 Windows 版本的不同，标签页可能有所不同），将会看到系统类型是 32 位的还是 64 位的。

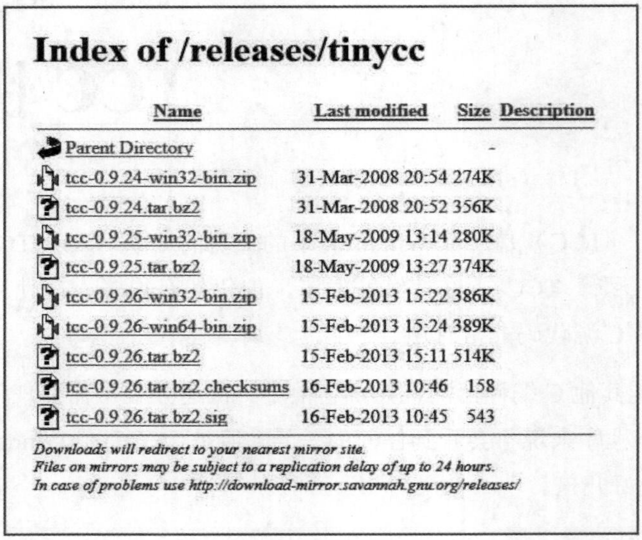

图 D.1　选择正确的 TCC 版本

针对你的操作系统下载正确的 TCC 版本，并且将其保存到 Download 文件夹或者你自己所选的其他目录中。由于 TCC 是 zip 文件的格式，这是一种常用的压缩文件格式，可以用 Windows Explorer、File Explorer 或者第三方的压缩工具（7-Zip、WinZip 或 WinRAR）来打开它。

D.1.2　安装 TCC

从你的 TCC 版本中将文件解压缩到磁盘上，放到通过命令行容易访问到的地方。我建议将 TCC 解压缩到硬盘（C:\）的根目录下，它会在这里创建一个 tcc 的文件夹并且将必要的文件都复制到这个文件夹中。

陷阱

确保将整个压缩文件的内容都解压缩到 C:\盘，而不只是放置压缩文件的 tcc 文件夹中包含的文件。你想要让所有的 TCC 文件最终都在硬盘的 tcc 目录中，而不是把硬盘的根目录搞得乱糟糟的。

一旦提取了 TCC 编译器文件，打开命令提示行，并导航到 tcc 目录。

技巧

要在 Windows Vista 或 Windows 7 下打开一个命令提示符窗口，点击开始按钮，导航到

All Programs、Accessories 并点击 Command Prompt。

要在 Windows 8（或 Windows 8.1）下打开一个命令提示符窗口，从开始窗口界面中，输入 cmd，这会打开一个搜索菜单，并且其中带有命令提示符，可以对其点击鼠标左键来打开命令提示符窗口。

一旦打开了命令提示符窗口，通过输入 cd \tcc 切换到 tcc 目录，如下所示：

```
C:\>cd \tcc
```

你的命令提示符窗口现在应该如下所示：

```
C:\tcc>
```

一旦位于 tcc 目录中，在该目录下创建一个子目录，其中保存了在本书中创建的代码。使用 md（make directory）命令来创建一个名为 cbook 的目录（或者使用其他的名字）。一旦创建了这个目录，使用 dir（directory）命令列出 tcc 目录的内容，以确认已经正确地创建了新的目录：

```
C:\tcc>md  cbook
C:\tcc>dir
```

上面的命令的输出如图 D.2 所示。

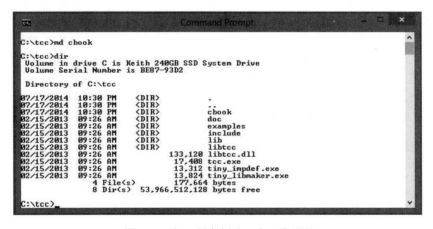

图 D.2　为 C 程序创建一个工作目录

D.1.3　配置 TCC

所需的唯一配置工作，就是将 TCC 添加到 Windows 的 PATH 环境变量中，以便 Windows 能够从你所选择的位置找到 tcc.exe 及其支持文件。

有几种方式来将一个程序添加到 Windows PATH 变量中，但是，由于我们将要使用命令提示符来工作，我将使用命令提示符窗口来更新 PATH。为了做到这一点，在 c:\提示符后输入如下内容，并且按下回车键：

```
set PATH=%PATH%;c:\tcc
```

前面的命令将 c:\tcc 添加到了当前的 PATH 变量的末尾，也就是说，我们在当前路径的末尾添加了 c:\tcc 而不是覆盖了 PATH，而覆盖的情况则是很糟糕的。为了验证这条命令成功地执行了，从命令提示符窗口输入关键字 PATH 并且按下回车键。你应该会看到完整的 PATH 变量内容，而 c:\tcc 已经添加到了其末尾。

D.2　编写、编译并执行代码

使用 TCC 和 Notepad 编写 C 程序（从文本文件到可执行文件）相当简单。稍后，我将带领你创建第 1 章中的"C　You　Later, World"程序，以确保你能够熟悉使用 Windows Notepad 和 TCC 编写、编译和执行 C 代码的过程。

D.2.1　编写和编辑源代码

可以使用 Windows　Notepad 或任何纯文本编辑器来编写和编辑源代码，然后用 TCC 编译或重新编译这些源代码。举个例子，打开 Notepad 并且输入如下的代码：

```
/* C Programming for the Absolute Beginner */
//by Your Name

#include <stdio.h>

int main()
{
    printf("\nC you later\n");
    return 0;
}
```

当完成源代码的输入后，用 cya.c 作为文件名将其保存到 cbook 文件夹（或者在前面的小节中为本书的示例代码所创建的任何文件夹）下，如图 D.3 所示。

技巧

如果你还没有开始阅读本书并且不理解所输入的代码，那也不用担心。这里的示例是教授你使用 TCC 和 Notepad 的过程，包括从创建一个源代码文本文件到运行可执行的 C 程序。

一旦将文件 cya.c 保存到了 tcc 文件夹下的 cbook 目录，就可以编译并执行 cya.c 了。

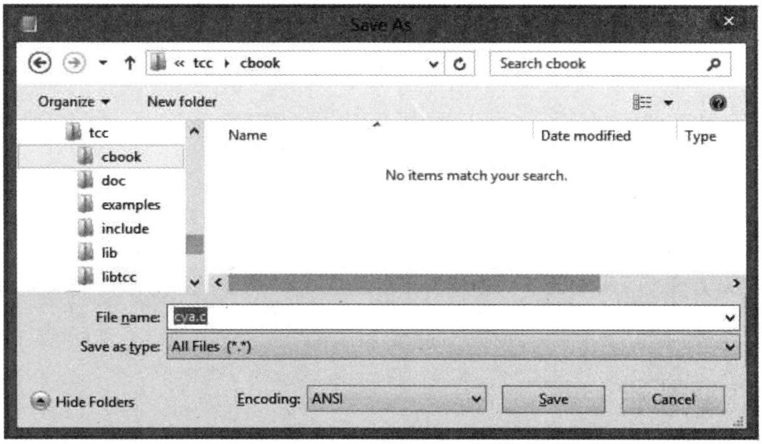

图 D.3 将 cya.c 保存到源代码目录下

D.2.2 编译和执行源代码

一旦安装并配置了 TCC，使用 TCC 来编译和执行在 Notepad 中创建的源代码是很容易的。

如果还没有打开命令提示符，现在就启动它并通过输入 cd　\tcc\cbook （并按下回车键），导航到 cbook 目录：

```
C:\cd \tcc\cbook
```

一旦位于 cbook 子目录中了，输入 dir 命令以确保 cya.c 文件会出现。如果它没有出现，返回去再次保存该文件，确保将其保存到正确的目录下。

要将 cya.c 编译为一个可执行文件，在命令提示符窗口输入 tcc　cya.c 并按下回车键，如下所示：

```
C:\tcc\cbook>tcc cya.c
```

对于本书中的大多数示例来说，要编译源代码，执行上面这些步骤就可以了。

技巧

当你使用多个源文件的时候，也就是当你在较为高级的编程中需要这么做的时候（本书第 12 章介绍过这种情况），你需要将两个源文件组合为一个单个的可执行文件。用 TCC 做到这一点的最容易的方式，是直接在第 1 个源文件和一个空格的后面，添加第 2 个源文件，如下所示：

```
C:\tcc\cbook>tcc source1.c source2.c
```

上面的命令将 source1.c 和 source2.c 文件组合到一个单个的名为 source1.exe 的可执行文件中。

在 C:\tcc\cbook>提示符下输入 dir 命令，并且你将会看到（假设你没有任何的录入错误）目录下有一个名为 cya.exe 的新的文件。要执行新的 cya.exe 程序，在命令提示符下输入 cya（或 cya.exe）。

在执行了 cya.exe 之后，使用 dir 命令，可以查看其执行结果，如图 D.4 所示。

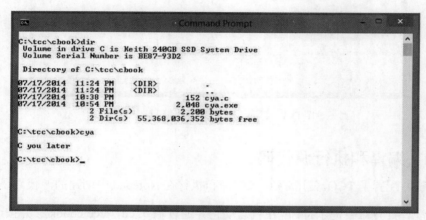

图 D.4　列出并执行 cya.exe

使用 TCC 编译源代码还有很多其他的选项，可以在官方文档中查看这些选项。TCC 文档的 HTML 版本叫做 tcc-doc.html，可以在 tcc 目录下的 doc 子目录下找到。如果在 Windows Explorer 或 File Explorer 下双击 tcc-doc.html，将会在你的默认的浏览器中打开 Tiny C 编译器参考文档。

附录 **E**

ASCII 字符代码

ASCII 表示 American Standard Code for Information Interchange（美国信息交换标准码）。由于计算机最终只能理解数字，程序员使用 ASCII 作为标准的和特殊的字符的一种数字化表示。

在计算机诞生以前，人们就开发了 ASCII（用于电报机），因此，有些说明可能已经过时了。最初的 31 个代码叫做控制码，已经很少按照其最初的意图来使用了。代码 32 到 127 是可以打印的字符。

提示

一些公司在 127 个代码之外添加了其他的 ASCII 代码，以支持特殊的符号。例如，很多软件程序针对英语这样的西欧语言使用扩展的 ASCII 表，这也叫做 ISO 8859-1。在网上搜索 "Extended ASCII codes"，将会找到这些其他代码和字符值的一个列表。

要考虑一个整数的 ASCII 代码值和它所表示的字符之间关系，考虑如下的 Char2ASCII 程序。该程序接受来自用户的一个字符，并且将其显示为对等的 ASCII 整数值：

```
#include <stdio.h>
int main()
{
    char c;

    printf("Enter a character to convert to an ASCII code: ");
    scanf("%c",&c);
    printf("The ASCII value of %c = %d\n",c,c);
    return 0;
}
```

图 E.1 给出了 Char2ASCII 程序的 3 次运行结果。第 1 次运行的时候，我输入了一个美元符号（$），第 2 次运行的时候，我输入了一个大写字母 K，第 3 次运行的时候输入了一个小写字母 k。使用 ASCII 代码的列表和表 E.1 所示的字符，我们可以推断出如下的结论，由此就不难得到图 E.1 所示的结果：

- $字符的 ASCII 整数值是 36；

- 大写字母 K 的 ASCII 整数值是 75；

- 小写字母 k 的 ASCII 整数值是 107。

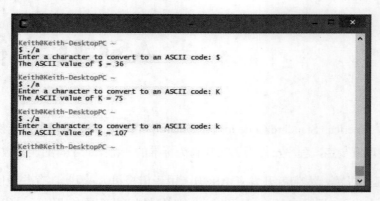

图 E.1　运行 Char2ASCII 程序的 3 个示例

表 E.1　常用的 ASCII 字符代码

代码	字符	代码	字符
0	NUL (null)	15	SI (shift in)
1	SOH (start of heading)	16	DLE (data link escape)
2	STX (start of text)	17	DC1 (device control 1)
3	ETX (end of text)	18	DC2 (device control 2)
4	EOT (end of transmission)	19	DC3 (device control 3)
5	ENQ (enquiry)	20	DC4 (device control 4)
6	ACK (acknowledge)	21	NAK (negative acknowledge)
7	BEL (bell)	22	SYN (synchronous idle)
8	BS (backspace)	23	ETB (end of transmission block)
9	TAB (horizontal tab)	24	CAN (cancel)
10	LF (new line)	25	EM (end of medium)
11	VT (vertical tab)	26	SUB (substitute)
12	FF (form feed, new page)	27	ESC (escape)
13	CR (carriage return)	28	FS (file separator)
14	SO (shift out)	29	GS (group separator)

代码	字符	代码	字符
30	RS (record separator)	56	8
31	US (unit separator)	57	9
32	Space	58	:
33	!	59	;
34	"	60	<
35	#	61	=
36	$	62	>
37	%	63	?
38	&	64	@
39	'	65	A
40	(	66	B
41	)	67	C
42	*	68	D
43	+	69	E
44	'	70	F
45	—	71	G
46	.	72	H
47	/	73	I
48	0	74	J
49	1	75	K
50	2	76	L
51	3	77	M
52	4	78	N
53	5	79	O
54	6	80	P
55	7	81	Q

代码	字符	代码	字符
82	R	105	i
83	S	106	j
84	T	107	k
85	U	108	l
86	V	109	m
87	W	110	n
88	X	111	o
89	Y	112	p
90	Z	113	q
91	[	114	r
92	\	115	s
93	]	116	t
94	^	117	u
95	—	118	v
96	`	119	w
97	a	120	x
98	b	121	y
99	c	122	z
100	d	123	{
101	e	124	|
102	f	125	}
103	g	126	～
104	h	127	DEL (Delete)

附录 **F**

常用 C 库函数

表 F.1 到表 F.6 列出了一些常用的 C 库函数，按照它们对应的库头文件来分组。

表 F.1　ctype.h

函数名	说明
isalnum()	判断一个字符是否是字母或数字字符（A–Z、a–z 或 0–9）
iscntrl()	判断一个字符是否是一个控制字符（非打印字符）
isdigit()	判断一个字符是否是数字字符（0–9）
isgraph()	判断一个字符是否是一个可打印的字符，不包括空格（其数值为 32）
islower()	判断一个字符是否是一个小写字母（a–z）
isprint()	判断一个字符是否是可打印的（数值 32–126）
ispunct()	判断一个字符是否是标点符号（数值为 32–47、58–63、91–96 或 123–126）
isspace()	判断一个字符是否是空白
isupper()	判断一个字符是否是一个大写字母（A–Z）
isxdigit()	判断一个字符是否是一个十六进制数字（0–9、A–F、a–f）
toupper()	将一个小写字符转换为大写字符
tolower()	将一个大写字符转换为小写字符
isascii()	判断参数是否在 0 到 127 之间
toascii()	将一个字符转换为美国信息交换标准代码（ASCII）

表 F.2　math.h

函数名	说明
acos()	反余弦函数
asin()	反正弦函数

函数名	说明
atan()	反正切函数
atan2()	两个变量的反正切函数（正切值为第 1 个参数除以第 2 个参数）
ceil()	不小于 x 的最小的整数值
cos()	余弦函数
cosh()	双曲余弦函数
exp()	指数函数
log()	对数函数
pow()	计算值的 x 次方
fabs()	浮点数的绝对值
floor()	不比 x 大的最大的整数值
fmod()	浮点数除法的余数
frexp()	将浮点数转换为小数和整数部分
ldexp()	将浮点数乘以 2 的一个整数次方
modf()	从浮点数提取带符号的整数和小数值
sin()	一个整数的正弦值
sinh()	双曲正弦函数
sqrt()	一个数的平方根
tan()	正切
tanh()	双曲正切

表 F.3　stdio.h

函数名	说明
clearerr()	清除文件末尾或错误指示符
fclose()	关闭一个文件
feof()	读取文件的同时检查 EOF
fflush()	清空一个流
fgetc()	从文件读取一个字符

函数名	说明
fgets()	从文件读取一条记录
fopen()	以读或写的方式打开一个文件
fprintf()	将一行数据输出到一个文件
fputc()	在文件中放置一个字符
fputs()	在文件中放置一个字符串
fread()	从一个流读取数据
freopen()	以读或写的方式打开一个文件
fseek()	重新定位一个文件流
ftell()	获取文件位置指示符
fwrite()	将数据块写到一个流
getc()	从一个输入流获取一个字符
getchar()	从键盘（STDIN）获取一个字符
gets()	从键盘获取一个字符串
perror()	打印一条系统错误消息
printf()	将数据输出到屏幕或文件
putchar()	向 STDOUT 输出一个字符
puts()	将数据输出到屏幕或一个文件（STDOUT）
remove()	删除一个文件
rename()	重命名一个文件
rewind()	将文件指示符重定位到文件的开始处
scanf()	从键盘（STDIN）读取格式化的数据
fscanf()	从流读取格式化的数据
setbuf()	提供流缓存操作
sprintf()	按照和 printf() 相同的方式输出数据，但是将其放入到一个字符串中
sscanf()	从一个字符串提取字段
tmpfile()	创建一个临时文件
tmpnam()	为一个临时文件创建一个名称

表 F.4　stdlib.h

函数名	说明
abort()	放弃一个程序
abs()	计算一个整数的绝对值
atexit()	打一个程序终止的时候，执行指定的函数
atof()	将一个字符串转换为一个双精度浮点数
atoi()	接受一个+-0123456789 的前置空白并将其转换为整数
atol()	将一个字符串转换为一个长整型
bsearch()	在数组中执行一次二分查找
calloc()	为一个数组分配内存
div()	计算整数除法的商和余数
exit()	正常地终止一个程序
getenv()	获取一个环境变量
free()	释放用 malloc()分配的内存
labs()	计算一个长整型的绝对值
ldiv()	计算一个长整型除法的商和余数
malloc()	动态地分配内存
mblen()	确定一个字符的字节数
mbstowcs()	将一个多字节字符串转换为一个宽字符串
mbtowc()	将一个多字节字符转换为一个宽字符
qsort()	排序一个数组
rand()	生成一个随机数
realloc()	重新分配内存
strtod()	将一个字符串转换为一个双精度浮点数
strtol()	将一个字符串转换为一个长整型
strtoul()	将一个字符串转换为一个无符号的长整型
srand()	生成一个随机数种子
system()	向操作系统发布一条命令
wctomb()	将一个宽字符转换为一个多字节字符
wcstombs()	将一个宽字符串转换为一个多字节字符串

表 F.5　string.h

函数名	说明
memchr()	将一个字符复制到内存
memcmp()	比较内存位置
memcpy()	复制内存区域之间的 n 个字节
memmove()	复制潜在重叠的内存区域之间的 n 个字节
memset()	设置内存
strcat()	连接两个字符串
strchr()	在一个字符串中查找一个字符（第一次出现）
strcmp()	比较两个字符串
strcoll()	使用当前区域的字符排列次序来比较两个字符串
strcpy()	将字符串从一个位置复制到另一个位置
strcspn()	在一个字符串中搜索一组字符
strerror()	返回一个错误编号的字符串表示
strlen()	返回一个字符串的长度
strncat()	连接两个字符串
strncmp()	比较两个字符串
strncpy()	复制一个字符串的一部分
strpbrk()	在一个字符串中查找字符（第一次出现）
strrchr()	在一个字符串中搜索字符（最后一次出现）
strspn()	在一个字符串中搜索一组字符
strstr()	在一个字符串中搜索子字符串
strtok()	将一个字符串解析为一个符号序列

表 F.6　time.h

函数名	说明
asctime()	将时间转换为一个字符串
clock()	返回程序所使用的处理器时间的近似值

函数名	说明
ctime()	将一个时间转换为和 asctime()相同格式的一个字符串
difftime()	返回两个时间之间相差的秒数
gmtime()	将时间转换为 UTC 时间
localtime()	将时间转换为当地时间
mktime()	将时间转换为一个时间值
strftime()	格式化日期和时间
time()	返回以秒为单位的时间

欢迎来到异步社区！

异步社区的来历

异步社区（www.epubit.com.cn）是人民邮电出版社旗下 IT 专业图书旗舰社区，于 2015 年 8 月上线运营。

异步社区依托于人民邮电出版社 20 余年的 IT 专业优质出版资源和编辑策划团队，打造传统出版与电子出版和自出版结合、纸质书与电子书结合、传统印刷与 POD 按需印刷结合的出版平台，提供最新技术资讯，为作者和读者打造交流互动的平台。

社区里都有什么？

购买图书

我们出版的图书涵盖主流 IT 技术，在编程语言、Web 技术、数据科学等领域有众多经典畅销图书。社区现已上线图书 1000 余种，电子书 400 多种，部分新书实现纸书、电子书同步出版。我们还会定期发布新书书讯。

下载资源

社区内提供随书附赠的资源，如书中的案例或程序源代码。

另外，社区还提供了大量的免费电子书，只要注册成为社区用户就可以免费下载。

与作译者互动

很多图书的作译者已经入驻社区，您可以关注他们，咨询技术问题；可以阅读不断更新的技术文章，听作译者和编辑畅聊好书背后有趣的故事；还可以参与社区的作者访谈栏目，向您关注的作者提出采访题目。

灵活优惠的购书

您可以方便地下单购买纸质图书或电子图书，纸质图书直接从人民邮电出版社书库发货，电子书提供多种阅读格式。

对于重磅新书，社区提供预售和新书首发服务，用户可以第一时间买到心仪的新书。

用户帐户中的积分可以用于购书优惠。100 积分 =1 元，购买图书时，在 [0] **使用积分** 里填入可使用的积分数值，即可扣减相应金额。

纸电图书组合购买

社区独家提供纸质图书和电子书组合购买方式，价格优惠，一次购买，多种阅读选择。

社区里还可以做什么？

提交勘误

您可以在图书页面下方提交勘误，每条勘误被确认后可以获得 100 积分。热心勘误的读者还有机会参与书稿的审校和翻译工作。

写作

社区提供基于 Markdown 的写作环境，喜欢写作的您可以在此一试身手，在社区里分享您的技术心得和读书体会，更可以体验自出版的乐趣，轻松实现出版的梦想。

如果成为社区认证作译者，还可以享受异步社区提供的作者专享特色服务。

会议活动早知道

您可以掌握 IT 圈的技术会议资讯，更有机会免费获赠大会门票。

加入异步

扫描任意二维码都能找到我们：

| 异步社区 | 微信服务号 | 微信订阅号 | 官方微博 | QQ 群：436746675 |

社区网址：www.epubit.com.cn

投稿 & 咨询：contact@epubit.com.cn